LES

VOYAGES D'UNE GOUTTE D'EAU

LES VOYAGES

D'UNE

GOUTTE D'EAU

PAR

J. PIZZETTA

OUVRAGE ILLUSTRÉ DE 47 GRAVURES

et de 5 cartes

PARIS

P. BRUNET, LIBRAIRE-ÉDITEUR

31, RUE BONAPARTE, 31

1870

(Droits de traduction et de reproduction réservés)

LES VOYAGES

D'UNE

GOUTTE D'EAU

CHAPITRE PREMIER

L'EAU

Il y a quelques milliers de siècles — je ne saurais autrement préciser l'époque — l'eau n'existait pas à l'état liquide.

La terre roulant dans l'espace, comme un énorme boulet incandescent, ne s'était pas encore suffisamment refroidie pour permettre à l'eau d'exister autrement qu'à l'état de gaz ou de vapeur.

Mais dès que, par son rayonnement continuel dans l'espace, le globe terrestre eut perdu une partie de son calorique, et que la chaleur de sa surface se fut abaissée au-dessous de 100 degrés, la masse des vapeurs, suspendues jusque-là dans l'atmosphère, commença à se condenser et l'eau se précipita en torrents à sa surface pour y former une vaste mer.

Sur cette écorce encore brûlante l'eau bouillonnait, remontait dans l'air en vapeurs épaisses qui, parvenues à une certaine hauteur, se résolvaient en abondantes pluies.

Combien de temps se produisirent les prodigieux effets de ces trombes d'eau sur la terre brûlante, et du choc des vents et des flots qui tombaient sur ce globe fumant pour se relever en tourbillons de vapeurs? — C'est ce que nul ne saurait dire.

Lorsque, dans la suite des siècles, la terre se fut assez refroidie, commença ce cycle merveilleux des voyages de l'eau à travers les airs et sur la terre.

Sous les chauds rayons du soleil, l'eau s'élève au dessus de la surface des mers en vapeurs invisibles, qui se condensent dans les régions élevées de l'atmosphère pour y former les nuages.

Soutenues dans les airs et poussées au gré du vent, ces nuées s'attachent au sommet des montagnes qu'elles rencontrent, s'y accumulent et tombent incessamment sous forme de pluie, de rosée, de brouillard ou de neige.

La terre boit ces ondées bienfaisantes par tous ses pores; l'eau pénètre dans son sein par une quantité d'artères invisibles et remplit ses réservoirs inconnus. Puis, ces mêmes eaux se font jour par quelque crevasse et bondissent dans les ravins; elles descendent dans les plaines, où, sollicitées par la pesanteur, elles cherchent les endroits les plus bas et les terrains les plus faciles à diviser ou à pénétrer, entraînant les terres et les sables elles forment des ravines profondes; le ruisseau se joint au ruisseau pour former une rivière, celle-ci se mêle à d'autres cours d'eau, et les fleuves, formés par ces affluents, coulent avec rapidité dans les plaines, s'ouvrent un chemin jusqu'à la mer, qui reçoit autant d'eau par ses bords qu'elle en perd par l'évaporation.

Cette circulation roule éternellement sur elle-même; c'est une sorte de mouvement perpétuel dont la durée sera aussi longue que celle de la mer et des continents.

Que sont les produits du génie de l'homme, les merveilles de l'hydraulique, auprès de cet admirable mécanisme qui transforme continuellement l'eau en vapeurs et la vapeur en eau.

Rien ne se perd dans l'univers; aucune parcelle de matière n'est détruite; elle subit des métamorphoses continuelles, mais ne s'anéantit jamais. C'est grâce à ces transformations de la matière à cette circulation dans l'univers que la nature est toujours également vivante, la terre toujours également peuplée et toujours également resplendissante de jeunesse et de beauté.

Fig. 1. — Condensation des eaux à la surface de la terre (époque primitive).

L'animal qui meurt, la plante qui se dessèche, le bois qui brûle, ne sont pas anéantis; ils ne sont que transformés. L'eau qu'ils contiennent se dissipe en vapeurs ou en fumée, monte dans l'atmosphère, et va se mêler aux nuages, formés de même par l'eau qui s'évapore à la surface des mers, et qui, ballottés par les vents, sont transportés dans tous les climats de la terre.

Cette goutte d'eau qui tremble à la pointe d'une feuille a peut-être désaltéré quelque tigre de l'Inde, ou quelque lion d'Afrique; peut-être a-t-elle abreuvé les premiers hommes et participé au déluge, et dans dix ou vingt siècles, peut-être abreuvera-t-elle nos arrière petits-neveux.

Cette goutte d'eau que nous avons vue tour à tour liquide et gazeuse, vienne l'hiver, nous la retrouverons à l'état solide, soit dans l'air où elle voltigera sous forme de neige, soit sur terre, où elle formera le givre ou la croûte glacée de nos lacs.

L'eau est une des substances les plus répandues dans la nature; c'est la plus indispensable. Sans elle rien n'existerait ici bas: c'est elle qui fertilise et féconde les campagnes et qui fournit à l'air l'humidité indispensable à la vie. Elle entre dans la composition de tous les corps et l'on peut dire avec Thalès qu'elle est le principe de toutes choses. Tous les liquides circulant dans les animaux et les végétaux sont composés d'eau en très-grande proportion, et elle est partie constituante de tous les minéraux. Elle parcourt la surface de la terre, pénètre dans son sein par toutes les fissures, et y circule comme le sang dans nos veines et nos artères.

L'homme trouve dans l'eau sa plus saine boisson et ses remèdes les plus héroïques. Il en tire des forces immenses pour mettre en mouvement ses usines et transporter d'énormes poids. C'est au moyen de l'eau que toutes les parties du monde communiquent si facilement entre elles. Quelle révolution n'a-t-elle pas produite dans la civilisation, depuis que l'homme a eu l'idée de l'introduire dans les machines à l'état de vapeur! Esclave docile, elle s'attèle à nos voitures et à nos bateaux; elle centuple la production, elle anéantit les distances et rapproche les peuples qui, grâce à elle, mis ainsi continuellement en contact, finiront par ne plus former qu'une seule grande famille.

Solide, liquide ou gaz, l'eau est le corps le plus admirable de la nature ; c'est le plus mobile, le plus changeant, le plus utile. Nous allons tenter de suivre dans toutes leurs phases, les *Voyages d'une goutte d'eau*.

CHAPITRE II

Mais d'abord qu'est-ce que l'eau ?

Les anciens partageaient la nature en quatre éléments : la terre, l'eau, l'air et le feu, et ils considéraient ces substances comme des corps simples, inaltérables, formant eux-mêmes un grand nombre de composés.

Thalès de Milet affirmait que l'eau était l'élément par excellence, le principe de l'univers, et la plupart des philosophes la regardaient comme de l'air condensé.

Jusqu'à la fin du dix-huitième siècle, l'eau fut donc regardée comme un corps indécomposable. C'est à un chimiste anglais, Cavendish, qu'appartient l'honneur d'avoir le premier découvert sa composition, peu après que Lavoisier eut démontré celle de l'air.

Cavendish est une des figures de savant les plus originales qu'ait produites le dix-huitième siècle. Fils d'un frère cadet du duc de Devonshire, mais réduit par le droit d'ainesse à une modique pension, le jeune gentilhomme se trouva de bonne heure livré à lui-même.

N'ayant aucun des goûts de son âge, au lieu de rechercher les honneurs et les plaisirs auxquels son nom pouvait le faire prétendre, il s'adonna tout entier à l'étude des sciences et sur-

tout de la chimie, et ses nobles parents, jugeant qu'il n'était
bon à rien, le traitèrent avec indifférence et le laissèrent bientôt
dans l'isolement.

Retiré dans un des quartiers les moins populeux de Londres,
Cavendish vivait très-modestement, et son existence était si
régulière, ses occupations tellement bien réglées, que ses travaux, ses promenades, ses repas, indiquaient à ses voisins les
heures de la journée aussi exactement qu'une horloge. Il pas-
sait dans son quartier pour un peu fou, ou tout au moins pour
un original, et les beaux esprits de l'endroit disaient de lui qu'il
se réglait sur les quadratures de la lune pour changer de linge
et que son tailleur avait ordre de lui apporter deux fois par
an, au moment précis des équinoxes, un nouvel habit gris, lequel, en dépit de la mode, était toujours de la même forme et
de la même étoffe.

Le jeune Cavendish laissait dire les plaisants et s'occupait
avec ardeur de ses études, lorsqu'un événement imprévu vint
tout-à-coup changer sa position. Un de ces oncles millionnaires,
retour de l'Inde, comme on n'en voit plus aujourd'hui que dans
les romans, tomba un beau jour dans son laboratoire, et s'indi-
gnant de voir son neveu condamné à une vie étroite et obscure,
si peu en rapport avec l'éclat de sa naissance, il voulut l'enlever à ses travaux et le produire dans le monde. Mais Cavendish s'y refusa, et répondit qu'il était parfaitement heureux
ainsi, et que la seule privation qu'il éprouvât, était de ne pas
pouvoir acheter tous les instruments et matériaux nécessaires
à ses études. Son oncle eut beau faire, il ne put le déterminer
à changer d'existence, et il lui laissa peu de temps après
300,000 livres de rente.

Cavendish se trouva ainsi tout-à-coup le plus riche de tous
les savants, et probablement aussi le plus savant de tous les
riches. Mais loin de se laisser éblouir par cette fortune inatten-
due, il montra, en cette occasion, combien étaient grandes la
philosophie et la modération de son caractère. Il ne changea
rien à ses habitudes de simplicité et d'économie ; il continua,
comme par le passé, à servir d'horloge et de calendrier à ses
voisins et à leur prêter à rire avec son éternel habit gris. Seulement, cet homme, qui dépensait si peu pour lui-même, prodi-

qua l'or toutes les fois qu'il s'agit d'aider aux progrès des sciences ou de faire le bien. Ce qui ne l'empêcha pas de laisser à sa mort une fortune de 30 millions de francs.

Or, ce Cavendish, qui fut une des illustrations du dix-huitième siècle, détruisit par ses expériences, comme Lavoisier l'avait déjà fait pour l'air atmosphérique, l'erreur qui, depuis tant de siècles, faisait regarder l'eau comme un élément. Et voici comment il s'y prit.

Il plaça dans de l'eau du fer en limaille et y versa de l'acide sulfurique. Aussitôt de nombreuses bulles de gaz s'échappèrent du sein du liquide. Il ajusta à l'ouverture du flacon un tube mince, effilé au bout, présenta une allumette enflammée à l'extrémité, et le gaz sortant du flacon forma une flamme analogue à celle d'une bougie, mais moins brillante, qui dura tant que dura le bouillonnement. — Cet appareil reçut plus tard le nom de *lampe philosophique.*

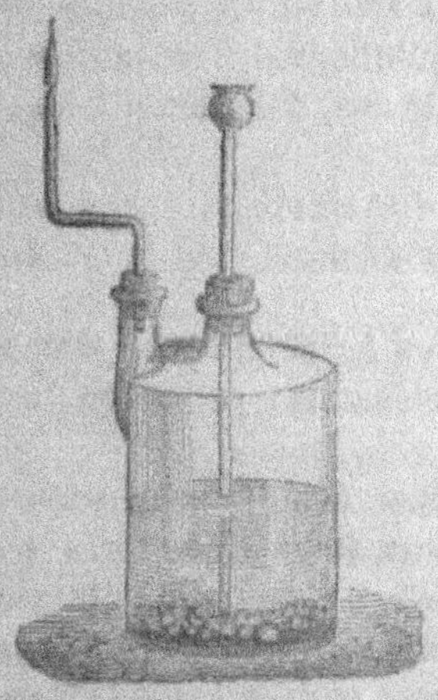

Fig. 2. — Lampe philosophique.

Il resta dans le flacon un liquide qui, filtré et évaporé, donna des cristaux verts, que l'analyse lui montra formés d'acide sulfurique et d'oxyde de fer, c'est-à-dire de sulfate de fer.

Ainsi, dans cette mémorable expérience, le fer pur était devenu oxyde de fer, puis s'était combiné avec l'acide sulfurique. — Où avait-t-il pris de l'oxygène pour s'oxyder ? Il n'avait pu en emprunter qu'à l'eau. — D'où provenait le gaz inflammable qui s'était dégagé? Il ne pouvait venir que de l'eau. L'eau contenait donc du gaz oxygène et du gaz inflammable — ce dernier ne reçut que plus tard le nom d'*hydrogène* — ces deux gaz y étaient combinés à l'état liquide.

Le fer et l'acide sulfurique ayant été mêlés à cette eau, une partie de l'oxygène de l'eau s'était portée sur le fer pour l'oxyder, et avait par conséquent abandonné l'autre élément auquel

1.

il était uni ; cet élément avait repris sa forme naturelle, c'est-à-dire l'état gazeux, et s'était échappé du flacon ; puis, étant chauffé par le contact d'une allumette enflammée, il s'était de nouveau combiné avec l'oxygène de l'air environnant, et de cette combinaison était résulté un dégagement de chaleur et de lumière, c'est-à-dire une flamme.

Plus tard, Cavendish imagina de brûler du gaz inflammable avec de l'oxygène ; il les mêla dans un flacon et fit passer une étincelle, et il obtint ainsi de l'eau.

Cette découverte importante répandit le nom de Cavendish dans toute l'Europe et le mit en relations, malgré sa modestie, avec une foule d'hommes célèbres, entre autres avec Lavoisier, qui compléta la découverte du chimiste anglais en refaisant l'expérience de manière à recueillir les deux éléments de l'eau et à pouvoir les peser. Il reconnut que sur trois volumes d'eau, il y en a deux d'hydrogène et un d'oxygène.

Moins heureux que Cavendish, Lavoisier vit interrompre ses immortels travaux par le tribunal révolutionnaire, et périt sur l'échafaud en 1794, à l'âge de cinquante ans, dans toute la maturité de son génie.

Mais avant de quitter le laboratoire du chimiste, examinons les diverses propriétés de l'eau ; elles nous donneront la clé des grands phénomènes de la nature.

De nos jours on emploie un moyen beaucoup plus simple pour décomposer l'eau en ses deux éléments ; ce moyen c'est l'électricité.

Aux deux pôles d'une pile, on adapte des fils conducteurs en or ou en platine, — ces deux métaux étant à peu près les seuls dont l'action est nulle sur l'oxygène, c'est-à-dire qui ne s'oxydent pas. — Les extrémités des fils viennent aboutir dans un entonnoir en verre rempli d'eau pure et dont le fond, bouché avec du liège, est traversé par deux petits tubes de verre qui livrent chacun passage à l'un des deux fils. Chaque fil est surmonté d'une petite cloche en verre remplie d'eau et communiquant avec l'un des pôles de la pile.

Aussitôt que l'on aura mis la pile en activité, on verra se dégager du bout de chaque fil des bulles de gaz, qui s'accumulent dans les deux petites cloches, et l'eau disparaît à mesure. Mais la quantité de gaz rassemblé dans chaque cloche n'est pas égale ; la cloche qui recouvre le fil communiquant avec le pôle négatif de la pile renferme deux fois plus de gaz que l'autre.

Si dans l'une de ces cloches, celle qui correspond au pôle positif, celle où il y a le moins de gaz, on plonge une tige de fer à l'extrémité de laquelle est fixé un petit morceau d'amadou allumé, on voit avec surprise le fer brûler comme une allumette en scintillant et en projetant de tous côtés des globules

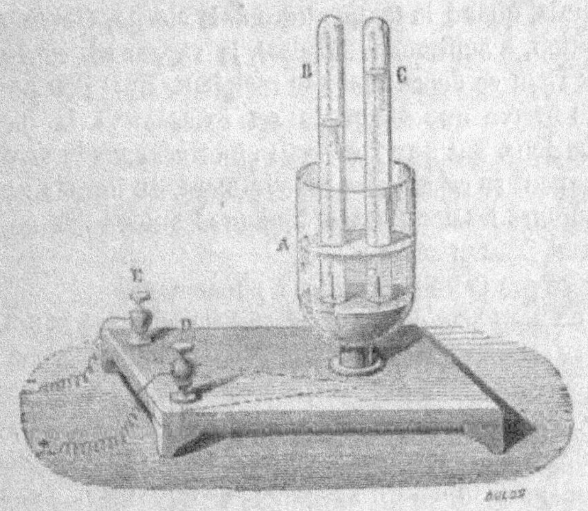

Fig. 3. — Décomposition de l'eau par la pile électrique.

enflammés. C'est l'*oxygène*, qui est la source de toute combustion. Si dans la seconde cloche, celle qui communique au pôle négatif, on introduit la flamme d'une allumette, ici le gaz prend feu lui-même et brûle avec une flamme bleue, c'est l'*hydrogène*. Seulement, il faut avoir soin, dans cette dernière expérience, de tourner la cloche l'ouverture en bas, car le gaz hydrogène étant 14 fois plus léger que l'air s'échapperait aussitôt en montant dans l'atmosphère. C'est cette légéreté spécifique qui fait employer ce gaz à gonfler les ballons.

Si l'on prend le soin de jauger les cloches aussitôt après la décomposition de l'eau, on verra que la quantité d'hydrogène est constamment double en volume de l'oxygène recueilli, ou qu'il y a en poids 11,10 d'hydrogène et 88,90 d'oxygène pour 100 parties d'eau.

Avec de l'eau nous avons fait deux gaz; avec ces gaz nous allons faire de l'eau; pour cela nous n'avons qu'à mélanger les deux gaz dans cette même proportion de deux volumes d'hydrogène et un d'oxygène et à y faire passer un courant électrique. Les deux gaz se combinent aussitôt avec détonation, et l'on voit osciller une flamme à ce point de contact comme un feu-follet; puis, quand la température de la cloche, élevée par cette combustion, a suffisamment baissé, la vapeur se condense peu à peu et l'eau se dépose dans le récipient. Et si l'on pèse cette eau, on trouve que son poids est exactement le même que celui des deux gaz que l'on avait enfermés dans le vase. L'expérience peut se reproduire indéfiniment, du liquide nous tirerons toujours les deux gaz, et toujours les deux gaz en brûlant donneront l'eau primitive.

N'est-ce pas là un merveilleux phénomène?

Rien ne nous semble plus différent que l'eau et le feu, et cependant c'est dans le feu que l'eau prend naissance. L'eau dont la propriété est d'éteindre le feu, est elle-même engendrée par la flamme. Elle est composée de deux gaz dont l'un, l'oxygène, est la source de toute combustion et l'autre, l'hydrogène, brûle si bien qu'on l'emploie à l'éclairage de nos villes.

Mais l'eau nous offrira bien d'autres sujets d'étonnement.

La plupart des corps, et probablement tous, changent d'état sous l'influence de la chaleur, et, suivant le degré de celle-ci, passent de l'état solide à l'état liquide, de ce dernier à l'état de vapeur ou de fluide élastique et réciproquement. Mais les corps offrent sous ce rapport de grandes différences; ainsi, tandis que les uns passent à l'état liquide à des températures très-basses, comme le mercure, la glace, le phosphore, d'autres n'entrent en fusion qu'aux plus hautes températures que nous soyons capables de produire.

Chacun connaît l'eau sous ses trois formes, solide, liquide et gazeuse, et sait que ses divers états dépendent du degré de chaleur qu'elle peut emprunter aux corps environnants : Beaucoup de chaleur produit l'état gazeux, moins de chaleur l'état liquide, moins de chaleur encore amène l'état solide.

Les nuages suspendus dans l'atmosphère, les brouillards plus ou moins épais qui nous enveloppent, la rosée qui, le matin, humecte nos prairies, la pluie qui nous inonde, la neige qui blanchit nos toits, la glace qui emprisonne nos étangs, la grêle enfin qui, trop souvent, désole le cultivateur, présentent les trois états de l'eau.

Sous forme liquide, et c'est ainsi qu'elle nous apparaît le plus fréquemment, l'eau est d'une grande fluidité, insipide, transparente, incolore en petite quantité, mais revêtant en grande masse une couleur particulière désignée sous le nom de glauque, nuance entre le vert et le bleu que présentent la mer et les grands lacs.

Non-seulement les corps changent d'état sous l'influence de la chaleur, mais ils changent aussi de volume; ils s'agrandissent quand on les chauffe et se contractent quand on les refroidit, et plus on les chauffe ou refroidit, plus ils augmentent ou diminuent de volume.

L'eau seule présente une exception remarquable à cette loi. A partir de 0°, lorsqu'on élève sa température, elle se retire sur elle-même au lieu de se dilater, et elle se contracte de plus en plus jusqu'à la température de 4°; ensuite, en la chauffant davantage, elle commence à éprouver une expansion, comme font tous les autres corps, et dès cet instant, sa dilatation est continuellement croissante jusqu'à l'ébullition.

Vers la température de 4°, l'eau éprouve donc un maximum de contraction, ce phénomène est frappant lorsqu'on l'observe sur un thermomètre à eau, dont chaque degré occupe une assez grande étendue. Si on le plonge en même temps qu'un thermomètre à mercure et un thermomètre à alcool dans un même vase rempli d'eau, à 10 degrés par exemple, et que l'on refroidit peu à peu en y jetant des fragments de glace, on voit le niveau des trois thermomètres baisser sensiblement jusqu'à 4° au-dessus de zéro. Arrivés à ce point, et le refroidissement augmentant, les thermomètres à mercure et à alcool continuent à descendre en se contractant de plus en plus, mais il n'en est pas de même du thermomètre à eau; au lieu de continuer à se contracter et à descendre dans le tube, l'eau se dilate et remonte, comme si on la chauffait. Elle est arrivée à son point de minimum de volume ou à son *maximun de densité*. Ses molécules se sont rapprochées, elle est devenue plus lourde :

Si on continue à refroidir le liquide du vase, l'eau du thermomètre se dilate de plus en plus et remonte dans le tube jusqu'au moment où elle se congèle et devient solide. Au moment où elle se convertit en glace, elle prend tout-à-coup un accroissement de volume considérable. On peut donc présumer qu'à partir de 4° les molécules liquides commencent à s'écarter l'une de l'autre, et quelles se préparent en quelque sorte à prendre les positions respectives qu'elles doivent avoir pour passer à l'état solide.

L'eau en se solidifiant se dilate de près d'un dixième de son volume et devient par conséquent plus légère, ce qui explique pour quoi elle surnage comme une espèce de crême sur l'eau.

Cette légèreté spécifique de la glace est non-seulement un fait remarquable par sa singularité, mais surtout important par ses conséquences. En effet, s'il en était autrement, si l'eau en se solidifiant diminuait de volume comme tous les autres corps, les glaçons qui se forment à la surface de ce liquide, devenus plus pesants que lui, tomberaient au fond et s'y accumuleraient, en sorte qu'à la suite d'un froid intense et prolongé, il n'y aurait pas d'étangs ou de rivières qui ne fussent complétement gelés.

L'on comprend facilement combien un pareil état de choses entraînerait de funestes résultats. Non-seulement nous serions privés d'eau, mais tous les poissons et autres habitants de l'eau qui y trouvent les éléments de leur existence, périraient sans retour.

Rien de semblable n'est à craindre, fort heureusement, car la couche glacée qui recouvre l'eau restée liquide, la garantit comme un manteau protecteur du froid de l'atmosphère et prévient sa congélation. L'eau a 4° au fond. Un physicien a eu l'idée de tailler une lentille dans un bloc de glace, et en la présentant au soleil, il a pu mettre le feu à un morceau d'amadou comme il l'eut fait avec une lentille de verre. La glace laisse donc passer les rayons calorifiques du soleil, et les poissons dont leur milieu à 4°, les reçoivent et en sont réchauffés, alors même qu'il gèle en dehors de leur habitation d'hiver.

On sait que l'eau brise les vases dans lesquels elle se congèle ; cela tient à sa force d'expansion qui est telle qu'un canon de fer épais d'un doigt rempli d'eau et fermé hermétiquement, crève lorsqu'on l'expose à une forte gelée. Cette force irrésistible, que les physiciens évaluent à plus de mille atmosphères, produit à la surface du globe une foule d'actions mécaniques qui ont une grande influence sur la configuration et les mutations de la croûte terrestre. Ainsi lorsque l'eau qui s'infiltre dans les fissures des rochers vient à se congeler, elle fend des

Fig. 4. — Effets de la gelée sur des boulets remplis d'eau.

masses énormes de pierre, comme le ferait un coin enfoncé dans un tronc d'arbre. Voilà pourquoi nos conduites d'eau se brisent dans les gelées, voilà pourquoi les plantes ne peuvent résister à un froid rigoureux ; la sève qui circule dans leurs vaisseaux, dilatée par la congélation, déchire leurs fibres et altère toute l'économie de leur organisation.

Tous les liquides se vaporisent, c'est-à-dire se transforment en fluides élastiques, soit par l'ébullition, sous l'action de la chaleur, et alors les vapeurs se forment au sein de la masse ; soit à la température ordinaire, par évaporation ; les vapeurs se formant dans ce cas à la surface.

Lorsqu'on observe l'ébullition de l'eau dans un vase de

verre, on voit que des bulles de vapeur se forment sur les parois échauffées du vase ; qu'elles s'élèvent en vertu de leur légèreté et viennent crever à la surface. D'abord petites, au moment où elles se forment, elles augmentent de volume à mesure qu'elles s'élèvent, parce qu'elles éprouvent moins de résistance, et celles qui partent des points du vase les plus chauds, sont celles qui se succèdent avec le plus de rapidité ; l'eau se vaporisant d'autant plus vite qu'elle est soumise à une plus forte chaleur.

L'ébullition n'a pas lieu pour tous les liquides au même degré de température, et le point d'ébullition d'un même liquide varie aussi avec la pression qu'il éprouve. Sous la pression atmosphérique ordinaire, l'eau bout à 100 degrés tandis que l'éther bout à 35 et à l'alcool 79. Si la pression est moindre, le point d'ébullition est moins élevé ; ainsi l'eau chauffée sur une haute montagne bout au dessous de 100 degrés. Si, au contraire, par un moyen quelconque, on augmente la pression, le point d'ébullition s'éloigne d'autant; c'est ainsi que dans la marmite de Papin on peut chauffer le vase au rouge sans faire bouillir le liquide ; parce que la vapeur ne trouvant pas d'issue, presse sur la surface d liquide et l'empêche de se vaporiser. Or, comme les liquides absorbent une grande quantité de calorique pendant leur passage à l'état de vapeur, cette chaleur qui n'est pas employée ici s'accumule dans le liquide.

Cette chaleur qu'emmagasine la vapeur est ce que l'on nomme *calorique latent,* parce qu'il est caché dans la vapeur, et celle-ci abandonne ce calorique, lorsqu'elle retourne à l'état liquide. Si par exemple, nous transformons un litre d'eau en vapeur et si cette vapeur prend la température de l'air ambiant, nous aurons rendu la tente, c'est-à-dire emmagasiné dans la vapeur, une chaleur capable d'élever près de 6 litres d'eau de la température de la glace fondante à celle de l'eau bouillante. Comme on le voit cette chaleur est considérable.

Quand un liquide est mis en ébullition au contact d'un feu ardent et à l'air libre, il conserve une température fixe; parce qu'il reçoit du foyer, par les parois du vase, autant de calorique qu'il en absorbe pour se transformer en vapeur. Mais, lorsque ce liquide est à la température ambiante, et à l'air libre, il enlève aux corps qui l'avoisinent toute la chaleur nécessaire pour se réduire en vapeur. On peut en faire facilement l'expérience.

Si l'on prend un thermomètre dont on recouvre le réservoir de coton, et que l'on trempe le coton dans l'éther sulfurique, en l'agitant ensuite vivement dans l'air, on verra bientôt le mercure descendre et atteindre le 12ᵉ degré au-dessous de zéro. Ce qui prouve que l'éther, pour se vaporiser, a pris du calorique au réservoir avec lequel il était en contact. C'est par une raison analogue que l'on éprouve une sensation de froid quand on verse sur une partie du corps quelques gouttes d'un liquide dont la vaporisation est prompte.

Les alcarazas et les machines à faire de la glace sont fondés sur le même principe. Tout le monde sait que les alcarazas sont des vases qui ont la propriété de conserver l'eau toujours fraîche, même pendant les fortes chaleurs de l'été. Leur usage est très-répandu en Espagne et commence à se propager en France. Ces vases sont faits d'une substance très-poreuse, en sorte que l'eau qu'ils renferment peut facilement traverser leurs parois et suinter à leur surface extérieure en gouttelettes ; ces gouttelettes se vaporisent en enlevant du calorique au vase et au liquide qu'il renferme, et comme cette évaporation est continuelle, on conçoit que l'eau du vase doit se refroidir considérablement.

L'évaporation, c'est-à-dire la formation de la vapeur à la surface libre des liquides, a lieu à toutes les températures. La neige et la glace des régions polaires se vaporisent comme les eaux des tropiques.

Quand un liquide est exposé à l'air libre, il se dissipe peu à peu et, après un laps de temps plus ou moins long, il est complétement évaporé. L'eau s'évapore à la surface des lacs, des rivières et des mers ; elle s'évapore à la surface de la terre, sur le sol et sur les plantes, et jusqu'à la vapeur qui s'échappe de notre bouche s'élève dans les airs pour se condenser en une goutte d'eau qui retournera à l'Océan.

L'eau s'évapore avec d'autant plus de rapidité que l'air est plus sec, la température du liquide plus élevée, et que les couches d'air en contact avec la surface liquide seront renouvelées plus rapidement à mesure qu'elles seront chargées de vapeurs. Ainsi l'on sait que le linge mouillé sèche aussi bien et aussi vite par un grand vent, même en hiver, que par un temps calme et chaud en été.

La dilatation des vapeurs est considérable; la vapeur d'eau occupe un volume 1700 fois plus grand que celui qu'elle avait à l'état liquide et son poids est à celui de l'air dans la proportion de 60 à 100 ; d'où il résulte que la vapeur, beaucoup plus légère que l'air des couches inférieures, monte à travers l'atmosphère dans les régions élevées jusqu'à ce qu'elle se trouve en équilibre.

Lorsqu'un liquide a été réduit en vapeur, plusieurs causes différentes peuvent le ramener à son état primitif; les deux principales sont la compression et le refroidissement. La pression que l'on exerce sur une vapeur, en diminuant l'espace dans lequel elle est renfermée, suffit pour la faire repasser à l'état liquide ; et nous avons déjà vu que le refroidissement, en resserrant les molécules de l'eau à l'état de vapeur, produit le même effet.

La vapeur revient à son état primitif dès qu'elle se trouve exposée à une température inférieure à celle où elle avait pris naissance, et pour retourner à l'état liquide ; elle abandonne toute la chaleur latente qu'elle avait emmaganisée pour se vaporiser.

CHAPITRE III

Pour bien comprendre les phénomènes que nous offre l'eau, il est nécessaire d'étudier la constitution de l'atmosphère, cet autre rouage important de l'admirable machine terrestre à laquelle les rayons solaires fournissent la force motrice.

L'air, comme un vaste Océan gazeux, enveloppe notre globe et s'étend tout autour à une hauteur de quinze à vingt lieues. C'est un fluide invisible, sans odeur et sans couleur, mais qui, cependant, en grande masse, présente cet azur pâle qu'on appelle le bleu du ciel.

Bien que l'air ne tombe pas immédiatement sous nos sens, comme les corps solides ou les liquides, il se manifeste à nous par tant de phénomènes sur la terre et sur les eaux, qu'il n'est pas nécessaire de chercher d'autres preuves de son existence. Il y a des orages dans tous les climats et des tempêtes sur toutes les mers et dans tous les pays, sur les montagnes comme dans les plaines, on voit flotter des nuages qui sont emportés par le vent, et au dessus de ces nuages on voit la couleur brillante du ciel, qui est une preuve de la profondeur de l'air, comme la couleur de l'Océan est une preuve de la profondeur de l'eau. S'il n'y avait pas d'air, le ciel serait sans éclat et sans couleur, il paraîtrait comme une voûte noire où l'on verrait les astres briller pendant le jour avec le même éclat que pendant la nuit.

L'air est élastique et pesant, et, en raison de son poids, il repose sur la terre qu'il comprime de tous côtés . Mais comme les couches supérieures pèsent sur les inférieures, celles-ci sont beaucoup plus denses, et plus l'on s'élève, plus l'air devient léger. C'est ce que prouve une foule d'expériences.

Il n'y a pas deux siècles l'on ignorait encore la pesanteur de l'air et l'on expliquait l'ascension de l'eau dans les corps de pompes en disant que *la nature a horreur du vide* : lorsqu'une circonstance vint attirer l'attention des philosophes. Des fontainiers chargés de l'embellissement des jardins de Come de Médicis, grand duc de Toscane, voulaient élever l'eau à soixante pieds ; mais quelques soins qu'ils prissent pour donner à leurs pistons toute la justesse imaginable, ils ne purent jamais parvenir à faire monter l'eau dans leur pompe à plus de 32 pieds au dessus du fond du puits dans lequel elle était placée. La nature n'avait donc horreur du vide que jusqu'à 32 pieds.

Le duc de Toscane qu'une telle solution ne satisfaisait pas, envoya chercher Galilée, mais, malgré tout son génie, celui-ci ne sut pas découvrir la vraie cause de ce phénomène.

L'eau est pesante, dit-il, et c'est son poids qui s'oppose à l'élévation au dessus de 32 pieds. Cette explication n'expliquait rien.

Toricelli, qui étudiait alors la physique à Rome, ayant eu connaissance de l'aventure des fontainiers de Florence, et méditant sur la cause de l'ascension de l'eau, eut un éclair de génie ; si l'eau s'élève dans le corps de pompe à mesure que le piston monte, se dit-il, c'est que l'atmosphère pèse à la surface de l'eau dans le puits et que son poids n'équivaut qu'à trente-deux pieds d'eau. Il se dit avec raison que si l'eau s'élevait à trente-deux pieds dans le corps de pompe, par suite de la pression de l'atmosphère ; un liquide plus lourd s'élèverait moins, et d'autant moins qu'il serait plus lourd, et il choisit le mercure qui pèse 13 fois 1i2 plus que l'eau. Si c'était en effet la pression de l'atmosphère qui faisait équilibre à une colonne

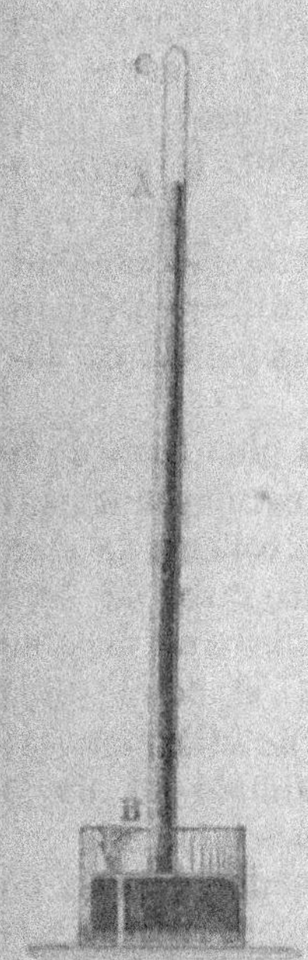

Fig. 5. — Tube de
Toricelli.

d'eau de 32 pieds, celle de mercure devrait nécessairement être 13 fois 1[2 plus courte.

Il prit donc un tube de verre de trois pieds de long, hermétiquement fermé à l'un des bouts, le remplit de mercure, plaça le doigt sur l'extrémité ouverte et le renversa en plongeant cette même extrémité dans un vase rempli de mercure. Il vit alors, non sans émotion, le métal liquide descendre dans le tube en laissant un vide à la partie supérieure et s'arrêter après quelques oscillations, juste à la hauteur qu'il avait prévue, c'est-à-dire à 28 pouces. En comparant les densités des deux liquides, on voit en effet qu'elles sont en raison inverse de leur hauteur.

C'est donc la même cause qui agit dans les deux cas; or, quelle est la puissance qui peut équilibrer ces colonnes suspendues, si ce n'est l'air atmosphérique qui presse par son poids sur les reservoirs ? Telle est la conclusion que tira Toricelli, et tous les physiciens avec lui, de ses expériences.

Mais si l'air est la cause de ce phénomène, c'est parce qu'il est pesant et fluide, sa pression doit donc se faire sentir en raison de la hauteur de la colonne atmosphérique, et, par conséquent, au pied d'une montagne, son poids sera plus grand qu'à la cime.

C'est ce que Pascal mit en lumière, en transportant le tube de Toricelli au sommet du Puy-de-Dôme. Après avoir marqué le niveau du mercure dans le tube au bas de la montagne, il reconnut qu'il baissait à mesure que lui-même s'élevait, et, arrivé au sommet, il put constater un abaissement de trois pouces.

Telle est l'origine de l'instrument connu sous le nom de *baromètre*, qui sert à mesurer les pressions atmosphériques et, par suite, les hauteurs. Il permet aussi de prévoir les prochains changements de temps. Par les vents chauds et humides du Sud et de l'Ouest qui, dans nos climats, amènent la pluie, l'atmosphère, chargée de vapeur, est plus légère, le mercure baisse ; au contraire, par les vents froids et secs du Nord et de l'Est, qui amènent les temps clairs et secs, l'atmosphère devient plus lourde et le mercure monte. Ce sont là d'ailleurs des indications approximatives, et dont l'exactitude est parfois en défaut.

Au niveau de la mer, qui est la partie la plus basse de la périphérie du globe, le mercure du baromètre est moyennement élevé de 28 pouces ou 76 centimètres. Or, une colonne de mercure de 76 cent. de hauteur sur un centimètre carré de base pèse un kilogramme. La pression de l'atmosphère est donc de un kilogramme par chaque centimètre carré, et notre corps supporte ainsi un poids de plusieurs milliers de kilogrammes ; mais nous ne le sentons pas en vertu d'une simple loi de la nature : la réaction égale et opposée des fluides internes.

Sur l'immense étendue qu'il couvre, la pression de l'air ne peut être uniforme. La chaleur, étant inégalement répartie à la surface du globe, entraîne nécessairement des dilatations différentes et, par conséquent, tout équilibre absolu est aussi impossible dans l'Océan de l'air que dans l'Océan liquide.

Ici, plus légère que les choses les plus légères, l'atmosphère laisse intactes les toiles d'araignée et incline à peine sur leur tige les fleurs chargées de rosée ; là, au contraire, elle écrase sous son poids les matières les plus dures et soulève l'Océan en montagnes immenses.

Elle dispense la chaleur et le froid à notre globe et à toutes les créatures qui l'habitent ; elle enlève sur la terre et sur l'onde des vapeurs qu'elle tient en dissolution dans son sein et les suspend dans les nuages, ses réservoirs, pour les lui rendre sous forme de pluie ou de rosée. Elle détourne de leur chemin les rayons du soleil pour nous donner l'aurore et le crépuscule ; elle réfléchit et réfracte leurs différentes couleurs pour embellir le lever ou le coucher de l'astre radieux. Car, sans l'atmosphère, le soleil nous arriverait et nous quitterait subitement, et nous passerions brusquement de la lumière à l'obscurité ; les nuages ne viendraient pas rafraîchir la terre brûlante qui, chaque jour, présenterait sa face halée aux rayons directs de l'astre du jour.

L'air possède un autre attribut non moins relevé, il est le véhicule du son, et, par suite, il est pour les peuples le véhicule du langage, des idées, des relations sociales. Si le globe terrestre était dépourvu d'atmosphère comme la lune, ce ne serait qu'un désert aride où règnerait un éternel silence.

L'air est formé comme l'eau de deux gaz : l'oxygène, entretient la flamme de la vie comme celle du feu, et l'azote, qui est impropre à la combustion et à la respiration et semble n'avoir d'autre mission que de tempérer l'action trop vive de l'oxygène. Ces deux gaz sont mélangés dans la proportion de 21 parties d'oxygène et de 79 d'azote. L'air contient toujours, en outre, une certaine quantité d'eau à l'état de vapeur, et un peu de gaz acide carbonique, substances qui le rendent propre à entretenir la vie végétale et animale.

L'air, comme l'eau, pénètre et circule partout, et, avec elle, il coopère à entretenir la vie et la santé chez tous les habitants du globe. C'est à l'air que les plantes empruntent ces sucs nourriciers qui viennent reconforter et réparer les animaux herbivores, dont la chair nourrit à son tour les espèces carnassières.

Chaque souffle qui sort de notre poitrine, chaque feu que nous allumons vicient l'air et le rendent impropre à la respiration. La végétation, il est vrai, rétablit l'équilibre en absorbant l'acide carbonique de cet air vicié et en lui rendant l'oxygène nécessaire à la respiration et à la combustion. Mais l'hiver, quand la végétation est endormie dans nos climats, et que les foyers sont dans leur plus grande activité, les plantes et les arbres sont au contraire en pleine végétation dans l'autre hémisphère, et, entre les tropiques, elle n'est jamais interrompue. Les gaz délétères s'accumuleraient donc dans certains endroits et vicieraient l'air à tout jamais, s'il n'existait pas dans l'atmosphère, comme dans les eaux, un système de circulation régulière, qui a pour résultat d'opérer le mélange et la purification du fluide aérien.

La grande élasticité que possède l'atmosphère et l'extrême

facilité avec laquelle elle se contracte et se dilate selon le degré de température, sont cause qu'il s'y établit sans cesse des courants dans divers sens. Les vents sont donc une conséquence nécessaire des propriétés physiques de l'atmosphère. Ces mouvements de l'air sont produits par l'accumulation ou la précipitation des vapeurs aqueuses, par la chaleur solaire qui, en raison des saisons et des heures du jour, dilate inégalement les couches aériennes, enfin, par la forme et l'étendue des continents et des mers qui arrêtent, accélèrent et modifient ces mouvements de mille manières.

« Pour celui qui contemple la nature sur notre planète, dit le savant Maury, rien ne peut paraître créé au hasard. Le vent, la pluie, les brumes, les nuages, les marées, les courants, la salure des mers, leur profondeur, leur température, le bleu du firmament, la température de l'air, les teintes et les formes des nuages, la hauteur des arbres des rivages, l'épaisseur de leur feuillage, l'éclat de leurs fleurs, enfin tout ce que les yeux peuvent apercevoir, tout est l'expression des combinaisons que Dieu a employées dans ses œuvres, ou, pour mieux dire, le langage qu'il a pris pour révéler à notre intelligence les lois de l'organisation de la nature. »

CHAPITRE IV

L'eau à l'état gazeux remplit dans l'économie générale du globe un rôle non moins important qu'à l'état liquide.

Les vapeurs invisibles qui, sous toutes les latitudes, et, par conséquent, à toutes les températures, se dégagent continuellement de la surface des eaux, s'élèvent dans l'atmosphère en vertu de leur force expansive, et se répandent entre les molécules de l'air comme dans une sorte d'éponge. La quantité en est toutefois proportionnelle à la pression et à la température de l'air, en sorte qu'elle varie continuellement.

C'est à ce phénomène si simple, à cette distillation sur une immense échelle et roulant sans cesse sur elle-même que sont dus les nuages, les pluies, les différents météores aqueux et, par suite, les sources, les ruisseaux, les rivières, les fleuves. Voici, en effet, ce qui se passe :

L'eau réduite en vapeur, partout où elle est à découvert, s'élève dans les couches supérieures de l'atmosphère, en même temps que les masses d'air échauffé dans lesquelles elle s'est engagée. Arrivée dans ces régions, le froid la saisit et, lui faisant perdre sa forme gazeuse, la convertit soit en eau qui retombe sur la terre, soit en neige qui s'accumule sur les montagnes.

Par ce merveilleux mécanisme, elle se trouve transportée des bassins où elle était contenue, jusque dans les parties les plus centrales des continents; puis, dès qu'elle touche le sol, obéissant à sa mobilité naturelle, et suivant les lois de la pesanteur, elle va regagner liquide les réservoirs d'où elle était sortie gazeuse. Aussi voyageuses que les molécules aériennes, sans cesse agitées par les vents, les molécules aqueuses sont entraînées dans un mouvement qui ne s'arrête jamais. Elles s'élèvent dans l'air, s'abaissent sur la terre, redescendent dans l'Océan, puis remontent de nouveau.

« Tous les fleuves entrent dans la mer, dit l'Ecclésiaste, et la mer n'en regorge jamais. Les fleuves retournent aux mêmes lieux d'où ils étaient sortis pour couler encore. » Image aussi belle que vraie de la circulation de l'eau.

Mais examinons de plus près le phénomène de l'évaporation.

Nous avons vu que la vapeur qui s'élève de la surface des eaux était invisible. Si cette vapeur en continuant à s'accumuler outrepasse la quantité que l'air peut en contenir en dissolution, ou si, en s'élevant, elle rencontre un milieu trop froid, elle se condense et devient apparente; elle forme les nuages que l'on aperçoit flottant dans l'atmosphère.

Mais dans quel état se trouve l'eau qui compose les nuages? — Il est clair que si c'étaient des gouttes d'eau liquides, elles ne pourraient rester ainsi suspendues entre ciel et terre, et que, entraînées par leur propre poids, l'eau étant beaucoup plus lourde que l'air, elles tomberaient, comme cela a lieu pour l'eau de pluie.

Ce n'est pas non plus de la vapeur ordinaire, puisque celle-ci est transparente comme l'air et par conséquent invisible, tandis que nous voyons parfaitement les nuages.

Cette eau des nuages se trouve donc dans un état particulier, intermédiaire entre l'eau liquide et la vapeur : c'est ce que l'on désigne sous le nom de *vapeur vésiculaire*, parce que le liquide affecte alors la forme de petites boules creuses analogues à celles que font les enfants au moyen d'un brin de paille et d'eau de savon. Seulement, ces bulles qui constituent les nuages sont tellement petites, qu'il en faudrait plusieurs millions pour faire un millimètre cube; elles sont si légères qu'elles se soutiennent dans l'air. Mais leur nombre est tellement considérable, qu'elles forment des masses qui obscurcissent la lumière du soleil. Un brouillard un peu épais nous empêche de voir les objets même à petite distance.

Quant à la vapeur d'eau proprement dite, elle est complétement transparente; elle est même plus transparente que l'air, car, un air qui contient beaucoup de vapeur d'eau permet de voir distinctement les objets à une énorme distance, tandis que l'air très-sec forme une espèce de voile grisâtre qui s'étend sur les lointains; c'est ce que l'on voit souvent pendant les étés très-secs, et les photographes savent qu'une épreuve vient plus rapidement et avec plus de détails quand l'air est humide. C'est aussi pourquoi un temps clair à l'excès présage ordinairement la pluie.

Le panache blanc qui sort du tuyau d'une locomotive en mouvement est de la vapeur vésiculaire. Si l'air est très-humide, et par conséquent à la pluie, le panache se dissipe lentement et se transforme en gouttelettes d'eau liquide. Si, au contraire, le temps est sec, l'eau à l'état vésiculaire se vaporise rapidement en se dissolvant dans l'air. Lorsqu'on soulève la soupape d'une chaudière à vapeur, ce fluide s'échappe en sifflant. Invisible d'abord, il passe bientôt à l'état vésiculaire, et forme un nuage qui disparaît à une certaine distance; une partie de ce nuage passe à l'état liquide en formant une petite pluie, une autre partie se résout en vapeur invisible qui se dissout dans l'air ambiant.

La chaleur est, nous le savons, la cause principale des changements de l'eau. En ajoutant du calorique à la glace, on la transforme en eau liquide. En ajoutant encore de la chaleur, l'eau se dilate et il se produit de l'eau à l'état vésiculaire. En ajoutant encore de la chaleur il se produit de la vapeur d'eau transparente.

En soustrayant de la chaleur, on produit les mêmes phénomènes en ordre inverse. Une faible différence de température fait aisément changer d'état à l'eau vésiculaire, qui devient liquide ou vapeur.

Les nuages affectent les formes les plus variées; ils donnent

au paysage du mouvement et un charme infini. Tantôt ils s'é-
tendent en longues bandes noires à l'horizon, comme un lointain rivage vu de la mer ; tantôt amoncelés les uns sur les
autres, ils figurent des montagnes ; d'autres fois le ciel, parsemé
de petits nuages blancs et arrondis, semble une prairie couverte de moutons ; d'autres fois encore, des nuées légères
comme des écharpes de gaze transparente flottent sur l'azur du
ciel.

Les météorologistes ont désigné sous des noms particuliers
les diverses formes de nuages. On en distingue quatre espèces

Fig. 6. — Stratus.

principales qui, combinées entre elles, donnent naissance à la
variété infinie de celles que nous admirons.

Le *stratus* est une bande de nuages horizontale, ordinairement de couleur foncée. Dans les belles soirées d'été, on voit
souvent des stratus se former au dessus des étangs, des lacs,
des rivières, des prairies humides, et disparaître le lendemain.

Les *cumulus*, auxquels les marins donnent le nom expres-
sif de balles de coton, ont la forme de masses arrondies accumulées les unes sur les autres. Leurs bords, nettement dessi-
nés et de couleur blanche, se détachent sur l'azur foncé du
ciel.

Les *cirrus* sont ces nuages vaporeux composés de filaments

blanches qui ressemblent à des plumes légères, à des réseaux déliés, ou à une blanche poussière dispersée par le vent.

Enfin le *nimbus*, qui recèle dans son sein la grêle ou la

Fig. 7. — Cumulus.

pluie d'orage, est noir, épais, sans contours arrêtés et court rapidement dans l'air.

Lorsque le ciel est couvert de petits nuages arrondis, sem-

Fig. 8. — Cirrus.

blables à de petites boules de grosseur à peu près égale, c'est le ciel pommelé. Ils annoncent souvent un changement de temps, d'où le proverbe : Ciel pommelé est de courte durée.

2.

Il n'y a pas de région spéciale aux nuages ; on ne connaît pas le terme de hauteur où ils s'arrêtent ; ils planent parfois bien au dessus des cimes les plus élevées ; d'autres fois le voyageur s'élevant sur la montagne peut jouir d'un ciel pur et serein tout en ayant sous les pieds des nuages qui lui dérobent la vue de la terre. Enfin, il en est qui rasent la surface du sol et, dans ce cas, ils prennent le nom de brouillards.

Les cirrus sont les plus élevés des nuages ; on les voit souvent au dessus des plus hautes cimes, et l'on estime leur hauteur à 6 ou 8000 mètres. Leur apparition indique ordinairement un changement de temps. En été, elle est suivie de pluie, en

Fig. 9. — Nimbus.

hiver de dégel. Presque toujours ils arrivent dans nos contrées poussés par des vents du sud-ouest qui sont chargés des vapeurs de la mer.

Les cumulus sont toujours moins élevés que les cirrus ; ils sont dus, généralement, à des courants d'air ascendants. Dès le matin, on voit se former de petits nuages isolés qui semblent s'accroître en se gonflant à mesure que le soleil s'élève sur l'horizon ; et ils augmentent ainsi de volume jusqu'au moment de la plus grande chaleur du jour ; puis ils diminuent et disparaissent le soir. Leur hauteur ne reste pas la même pendant ces trois périodes de la journée ; sous l'influence de la chaleur, ils s'élèvent depuis le matin jusque dans l'après-midi, puis ils s'abaissent de nouveau. Quelquefois les cumulus, au lieu de se dissiper le soir, augmentent de volume, s'épaississent, deviennent sombres ; ils présagent alors pour le lendemain l'orage ou la pluie.

Parfois, sur mer, l'œil exercé du marin aperçoit à une énorme distance un petit nuage noirâtre ; il semble repoussé à cette élévation par une cause inconnue mais puissante. C'est un *grain*, et le marin expérimenté prend aussitôt ses précautions. En effet, le petit nuage se précipite bientôt vers la terre, augmente à vue d'œil et bientôt couvre le ciel d'un voile sombre que la foudre sillonne dans tous les sens, en même temps que les vents se déchaînent ; l'orage éclate et bientôt le nuage se dissipe. Le grain se forme quelquefois sur les sommets les plus élevés des montagnes. Il est fréquent sur la montagne de la Table, au cap de Bonne-Espérance, où on lui donne le nom d'*Œil de bœuf.*

L'air en contact avec les nuages en dissout une partie, et, dans ce cas, cette vapeur devient complètement invisible. Quelque sec et transparent qu'il nous paraisse, l'air contient toujours une certaine quantité d'eau en vapeur. On est parfois témoin de cette transformation, l'été, lorsque de légers nuages flottent dans l'atmosphère ; on en voit qui diminuent progressivement et finissent par disparaître, comme s'ils s'étaient fondus ; l'eau qui les compose s'est transformée en vapeur transparente dissoute dans l'atmosphère.

C'est à cette eau dissoute dans l'air qu'il faut attribuer deux phénomènes dont nous sommes si souvent témoins : lorsqu'en été, l'on remonte de la cave une carafe contenant de la glace ou de l'eau très-froide, elle se couvre promptement de vapeurs, puis de gouttelettes qui sont dues à l'eau de l'air ambiant condensée par le froid.

C'est une raison analogue qui fait que pendant les grands froids de l'hiver, les vitres des fenêtres se couvrent intérieurement d'eau et quelquefois de glace ; c'est l'eau dissoute dans l'air qui vient se condenser contre les vitres où règne un froid plus vif que dans les autres parties de l'appartement.

Dans un espace et à un degré de température donnés, la quantité de vapeurs dissoute dans l'atmosphère est constamment la même ; mais si la température varie, il y a changement dans l'état hydrométrique de l'air ; elle seule détermine par son élévation ou son abaissement la quantité d'eau réduite à l'état de vapeur. Un mètre cube d'air, à la pression ordinaire et à 10 degrés de température peut tenir 18 à 21 grammes d'eau en dissolution.

L'eau à l'état de vapeur est beaucoup plus légère que l'air ; nous avons vu que leurs densités étaient dans la proportion de 60 à 100. Mêlée à l'air, elle rend celui-ci plus léger, comme le prouvent les variations du baromètre. Cet instrument ingénieux indique, non pas la pluie et le beau temps, comme le croient beaucoup de gens, mais le poids de la colonne atmosphérique qui lui est superposée. Or le poids de cette colonne atmosphérique étant généralement moindre quand il y a une grande quantité de vapeur aqueuse mêlée à l'air, et le contraire ayant lieu, lorsque l'air est sec, on voit assez souvent les variations de beau et de mauvais temps coïncider avec l'abaissement et l'élévation du mercure dans le baromètre.

Plus l'on s'élève dans l'atmosphère, plus l'air se raréfie et devient léger, plus aussi sa température s'abaisse. En règle générale, lorsqu'on monte en s'éloignant du niveau de la mer la température décroît de un degré par 170 mètres, ce qui fait qu'au sommet des plus hautes montagnes du globe le froid est assez intense pour que la neige et les glaces y soient éternelles, même sous l'Équateur. C'est ainsi que le savant Gay-Lussac, lors de la célèbre ascension qu'il fit au mois de juillet de l'année 1804, constatait au départ, à la surface de la terre, une température de 27 degrés. Quelques minutes après il était parvenu à la hauteur de 7000 mètres et le thermomètre était descendu à 10 degrés au-dessous de zéro.

L'on sait qu'au dessous du sol la chaleur croît au contraire dans une proportion beaucoup plus rapide (1), de 1° par 30 mètres environ, de sorte qu'à la profondeur de quinze à vingt lieues, les roches mêmes doivent être à l'état de fusion. Cette source de chaleur intérieure nous donnera plus tard l'explication d'un grand nombre de phénomènes.

(1) Voir *le Monde avant le déluge*.

CHAPITRE V

PLUIE, BROUILLARDS, ROSÉE, NEIGE, GRÊLE

Lors donc que, sous l'action solaire, les vapeurs s'élèvent de
la surface de la terre et des mers, elles montent dans l'atmosphère, jusqu'à ce qu'au contact d'un air plus frais une partie
de ces vapeurs passe à l'état vésiculaire et forme des nuages.

Si cette vapeur, ces nuages, continuent à s'élever dans des
régions plus froides, les vésicules grossissent, leur enveloppe
liquide s'épaissit ; elles deviennent trop lourdes pour rester en
suspension ; elles se résolvent en eau liquide sous forme de
gouttes que leur pesanteur précipite vers la terre. Il pleut !

L'on peut considérer l'abaissement de température comme
une compression des nuages qui en extrait l'eau.

Les sommets des montagnes sont toujours plus froids que les
vallées, c'est pour cela que la pluie est plus fréquente sur la
montagne que dans la plaine.

La pluie tombe rarement sans discontinuité pendant plusieurs
jours de suite, au moins dans nos climats ; ordinairement c'est
par averses, dont la fréquence et la durée varient, ou par ondées plus ou moins fortes. La latitude, les saisons, le climat, la
conformation du sol, influent sur la nature et la quantité des
pluies.

Il existe des pays exposés à des pluies périodiques, qui commencent et qui finissent à des époques déterminées ; les régions tropicales en offrent des exemples nombreux. Dans quelques contrées elles sont rares et accidentelles ; il en est enfin où, comme en Égypte, il ne pleut jamais.

Il tombe annuellement sur le sol de la France une couche d'eau épaisse de 68 centimètres, terme moyen. Pour les 52,768,600 hectares de sa surface, cette couche d'eau représente en nombre rond 360 milliards de mètres cubes, pesant chacun mille kilogrammes. Généralement, la quantité de pluie qui tombe pendant les trois mois les plus chauds de l'année, juin, juillet et août, équivant à celles des neuf autres mois de l'année, quoique le nombre des jours pluvieux soit moins considérable.

Le volume des gouttes de pluie varie à l'infinie ; tantôt c'est un brouillard qui mouille à peine les vêtements ; on le nomme alors *bruine*. D'autres fois les gouttes d'eau sont très-volumineuses, comme dans les pluies d'orage. En général elles sont d'autant plus considérables qu'il fait plus chaud.

La pluie augmente de volume et de quantité en traversant l'atmosphère ; une différence de 20 à 25 mètres dans la hauteur influe d'une manière très-sensible sur la quantité de pluie et la grosseur des gouttes. Il résulte des expériences faites depuis longtemps à l'Observatoire de Paris, que le pluviomètre, placé à la surface du sol, reçoit une plus grande quantité de pluie que celui placé sur la plate-forme du bâtiment qui a 28 mètres de hauteur. Cette différence, qui est d'un neuvième, est constante. On explique cette particularité remarquable en admettant que les gouttes s'accroissent aux dépens de l'humidité de l'air en traversant ses couches inférieures toujours plus saturées d'humidité.

L'eau de pluie qui tombe directement des nuages est la plus pure qui se présente dans la nature ; élevée dans l'air à l'état de vapeur, elle a subi une espèce de distillation. Elle est cependant moins pure que l'eau distillée chimiquement, parce qu'elle contient toujours une certaine quantité d'air à l'état de dissolution, et même des traces d'acide azotique et d'ammoniaque, surtout dans les pluies d'orage.

Tout le monde connaît le merveilleux phénomène d'optique

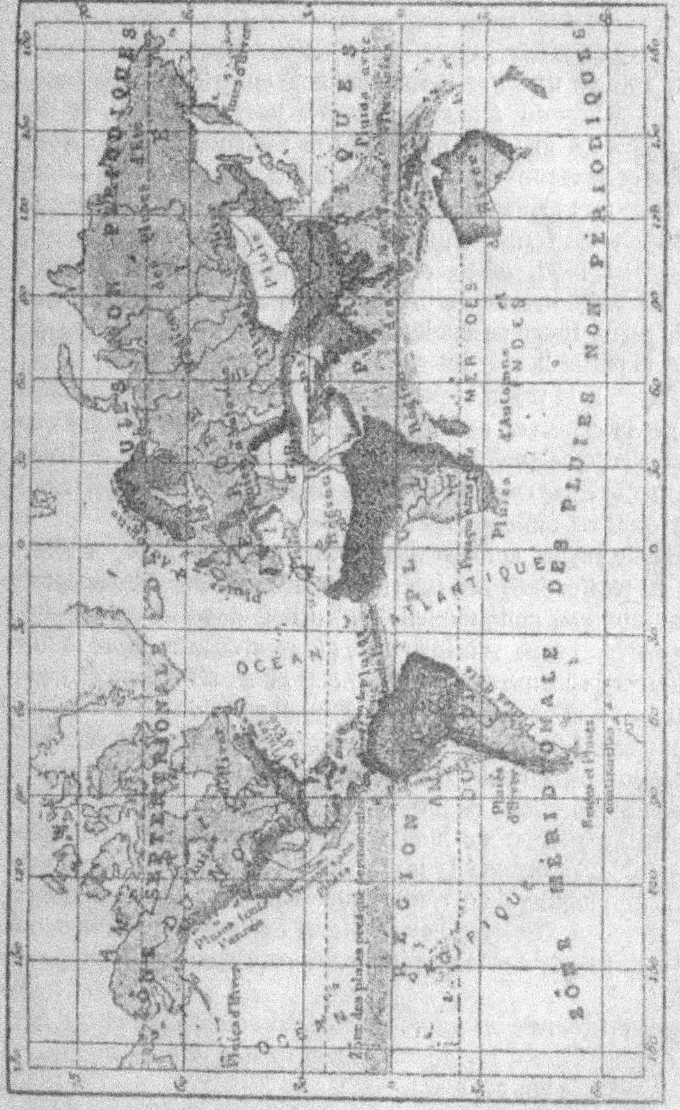

Fig. 10. — Carte des pluies à la surface de la terre.

connu sous le nom d'*arc-en-ciel*. Ce météore lumineux, dont les poètes de l'antiquité avaient fait l'écharpe éclatante de la messagère des dieux, et que le législateur des Hébreux a considéré comme un signe de réconciliation entre Dieu et l'homme, l'arc-en-ciel est dû à la réflection et à la réfraction de la lumière dans les globules de la vapeur vésiculaire. Les rayons lumineux y éprouvent une véritable décomposition qui donne naissance aux brillantes couleurs du spectre solaire. On sait que ce météore est formé d'un arc où les couleurs rouge, orangé, jaune, vert, bleu, indigo et violet développent leurs nuances dans un ordre invariable. Lorsqu'il n'y a qu'un seul arc-en-ciel, le rayon rouge occupe la partie extérieure de l'arc et le rayon violet la partie la plus interne ; mais, s'il y en a deux, ce qui est fréquent, le rayon violet occupe la convexité de l'arc extérieur et la concavité de l'arc intérieur qui est plus éclatant que le premier. Quelquefois il y a trois et même quatre arcs-en-ciel, mais ce cas est rare, et leurs teintes sont tellement affaiblies qu'il est difficile de les observer.

Chaque rayon, après avoir pénétré dans un globule, se réfléchit en partie, dans son intérieur dont la surface est concave ; mais, sous une obliquité telle, qu'au lieu de sortir du globule, il se réfléchit dans son intérieur, où se trouvant alors moins oblique à la même surface, il en sort en se réfractant de nouveau, pour aller frapper l'œil d'un observateur convenablement placé. L'autre partie de ce rayon se réfléchit encore dans l'intérieur du globule, et l'on conçoit qu'il peut se faire ainsi plusieurs réflections successives, à chacune desquelles il sort une petite portion de lumière dont l'intensité est de plus en plus faible. Et comme la lumière blanche se décompose à sa sortie du globule, il en résulte que chaque portion de lumière qui arrive à l'œil de l'observateur, après avoir traversé un globule, lui donne la sensation des couleurs du spectre solaire.

Pour apercevoir les arcs-en-ciel, il faut que l'observateur soit placé de manière à regarder le nuage qui se résout en pluie et qu'il tourne le dos au soleil.

La grandeur de l'arc dépend de la hauteur de l'astre au dessus de l'horizon, il augmente de grandeur et semble s'élever dans le ciel à mesure que le soleil se rapproche de l'horizon.

Les couleurs de l'arc-en-ciel sont d'autant plus vives que le nuage sur lequel il se dessine présente une teinte plus sombre.

Il tombe parfois, pendant l'été, au coucher du soleil, une petite pluie fine, sans qu'aucun nuage apparaisse au ciel. C'est ce que l'on nomme le *serein*.

Au premier abord, une pluie sans nuages paraît chose extraordinaire ; la cause en est cependant toute naturelle : pendant la chaleur de la journée, tous les corps humides fournissent une grande quantité de vapeur aqueuse qui se répand dans l'atmosphère. Or, il arrive que la température, qui, dans la journée, était à 20 ou 25°, baisse au coucher du soleil à 14 ou 15°. La température n'étant plus alors assez élevée pour maintenir à l'état de vapeur toute l'eau que contient l'atmosphère, une partie devra nécessairement se condenser et tomber sur le sol.

Dans les pays chauds, le serein a souvent une influence funeste ; aussi est-il tellement redouté que, dès qu'il commence à se faire sentir, les habitants se renferment dans leurs maisons et n'en sortent pour jouir de la fraîcheur de la nuit que lorsqu'il est tombé.

Les *brouillards* sont analogues aux nuages. Aux approches de l'hiver, lorsque le froid commence à se faire sentir, la terre conservant plus de chaleur que l'air, il s'en exhale des vapeurs qui se transforment immédiatement en eau vésiculaire et forment ces brouillards épais que l'on voit se traîner si péniblement à la surface de la terre.

Souvent, lorsqu'ils s'élèvent des lieux humides, à la surface des étangs, des marécages, les brouillards montent dans l'air à mesure que le soleil échauffe l'atmosphère ; bientôt il élève sa température et dissipe par ce moyen les vapeurs qui semblaient priver la terre de la douce influence de ses rayons.

L'affinité de la vapeur vésiculaire pour les miasmes rend parfois ces brouillards malsains à respirer. Lorsqu'ils sont chargés d'émanations étrangères, les brouillards sont très-lourds et s'élèvent rarement dans l'atmosphère ; ils ne se dissipent que sous l'influence d'une chaleur suffisamment intense.

Quoique les brouillards doivent généralement leur origine à l'humidité, ils ne sont pas tous de même nature. Assez souvent ils répandent une odeur fétide qui atteste qu'ils peuvent retenir et entraîner diverses substances gazeuses autres que la vapeur d'eau; parfois ils sont même tellement chargés de particules étrangères qu'ils mouillent à peine les corps avec lesquels ils se trouvent en contact, et qu'on a pu les désigner sous le nom de brouillards secs.

Les brouillards sont plus fréquents dans les pays froids que dans les pays chauds, dans le printemps et l'automne que pendant l'été et l'hiver, le soir et le matin que pendant la nuit et le milieu du jour. On explique facilement un pareil fait par les variations plus ou moins grandes de la température, selon les climats, les saisons et la position du soleil par rapport aux diverses parties de la terre.

Les cultivateurs ont trouvé dans les brouillards des pronostics assez sûrs de beau et de mauvais temps. En général, s'ils ont de la tendance à s'élever rapidement sous l'influence des premiers rayons solaires, on doit s'attendre à une pluie prochaine; s'ils tombent au contraire lentement à la surface du sol, c'est l'indice d'un temps calme et serein.

Pendant les belles nuits du printemps et de l'automne, la terre perd par le rayonnement une partie du calorique que le soleil lui a donné pendant le jour. Les corps qui sont à sa surface et surtout les plantes, qui ont un grand pouvoir rayonnant, se refroidissent rapidement, et la couche d'air qui repose sur ces corps refroidis dépose une partie de l'eau qu'elle tenait en dissolution sur les herbes et les feuilles des plantes, sous forme de perles liquides, que les poètes de l'antiquité regardaient comme les larmes de l'Aurore et que les physiciens actuels, gens positifs, nomment simplement *rosée*.

La rosée est rare dans les régions polaires et dans les contrées arides. Dans les contrées équatoriales la rosée est assez abondante pour remplacer la pluie dont la terre est privée pendant plus de six mois. Les plantes et les arbres périraient si la rosée ne leur fournissait pas l'humidité nécessaire à leur développement.

L'eau de rosée est très-pure et se rapproche beaucoup de l'eau distillée parce qu'elle provient de l'eau en vapeur transparente. Les rayons solaires dissipent la rosée et la rendent à l'air dont elle s'était momentanément séparée.

Dans les régions brûlantes de l'Asie tropicale et de Madagascar, la rosée s'accumule dans les urnes élégantes des Népenthès en quantité suffisante pour calmer la soif du voyageur. Lorsqu'au printemps, dans nos climats, le froid est assez intense, les gouttes de rosée se congèlent et donnent naissance aux gelées blanches.

C'est au phénomène du rayonnement que sont également dues ces gelées tardives qui, aux mois d'avril et de mai, nuisent souvent à la végétation naissante, et que l'on attribue vulgairement à l'influence de la *lune rousse*.

Les plantes laissent échapper, pendant la nuit, dans l'air raréfié d'un ciel serein, le calorique que la terre et la température ambiante leur avaient communiqué pendant le jour; si cette déperdition est assez forte pour faire descendre leur température au dessous de zéro, alors la rosée se condense et devient gelée blanche; la séve se gèle dans leurs fragiles vaisseaux, les fait éclater, et la plante périt.

Lorsque le temps est couvert, les nuages servent d'écran et le rayonnement n'a pas lieu ou se fait du moins peu à peu et sans danger. Il suffit donc pour préserver les plantes de la gelée produite par l'effet trop subit de ce rayonnement, de les couvrir d'un voile, même fort léger, et c'est ce que font les jardiniers.

Le *givre* n'est autre chose que les brouillards de l'automne qui se congèlent pendant les premiers froids de l'arrière-saison.

Lorsque, pendant l'hiver, les nuages voilent l'azur du ciel et que la température est au dessous de zéro, la vapeur vésiculaire, au lieu de se résoudre en pluie, se solidifie et tombe sous forme de petits corps cristallisés, d'une blancheur éclatante, que tout le monde connaît sous le nom de *neige*. Observez attentivement les premières parcelles de cette neige qui commence à tomber, vous y verrez de ravissantes petites étoiles à six pans ou six aiguilles. La forme générale peut varier, mais elle présente invariablement le même nombre d'aiguilles. Ces petites étoiles s'agglomèrent, s'enchevêtrent les unes dans les autres en plus ou moins grande quantité et forment des flocons.

Plus la température est basse, quand la neige tombe, et plus les petites étoiles restent isolées. Au dessous de 6° on ne les voit presque jamais réunies en flocons.

La neige est d'un blanc éblouissant, sa nuance est inimitable, et cette blancheur ne peut se comparer qu'à elle-même. Des substances étrangères la colorent quelquefois en rouge. Ce phénomène curieux a beaucoup occupé les naturalistes, qui

Fig. 11. — Fleurs de la neige.

s'accordent généralement à reconnaître comme cause de cette coloration remarquable, un petit champignon qui paraît ne se développer nulle autre part que sur la neige, et que, pour cette raison, on a nommé *uredo nivalis*.

Suivant quelques savants, le même effet serait produit par de petits infusoires du genre *discerea*, se distinguant par une carapace siliceuse ovale et deux appendices en forme de trompes au moyen desquels ils se meuvent.

La température de la neige varie très-peu; elle est en général à zéro et change très-lentement, ce qui fait qu'elle exerce une

Fig. 12. — Une avalanche dans les Pyrénées.

influence heureuse dans les régions froides en préservant, comme une épaisse couverture, les êtres qui vivent dans ces pays glacés.

Dans nos climats, la neige est un météore tranquille ; tout au plus, lorsqu'elle est abondante, elle comble quelque vallée et interrompt momentanément la circulation ; mais dans les régions élevées, elle cause parfois des tempêtes dont les effets ne sont pas moins redoutables que ceux auxquels donnent naissance les orages de la zone torride.

La goutte d'eau saisie par le froid s'est transformée en une étoile de neige. Cette étoile se détache du sommet de la montagne, tombe sur une seconde qu'elle entraîne dans sa chute. Les deux réunies en entraînent d'autres, et la masse, croissant avec la plus grande rapidité, dans une progression presque incalculable, roule sur les flancs de la montagne avec un fracas terrible, renversant tout sur son passage, entraînant des quartiers de rochers, des blocs de glace, des arbres séculaires, et vient s'abattre dans les parties basses où elle rase et ensevelit parfois des villages entiers. Telles sont les avalanches. C'est vers la fin de l'hiver que les avalanches sont plus fréquentes et plus dangereuses parce que le ramollissement des neiges leur donne plus de tendance à glisser et plus de densité. Le moindre bruit qui agite l'air, le moindre mouvement sur le sommet de la montagne suffit quelquefois pour déterminer une avalanche.

Les forêts empêchent souvent les avalanches de se former ; elles arrêtent celles qui descendent des hautes montagnes et préservent les vallées de ce fléau destructeur. Mais le montagnard imprévoyant abattant les arbres et ne les remplaçant jamais, détruit la barrière la plus puissante, la seule que l'on puisse opposer à ces masses mobiles de neiges et de glaces. Les avalanches sont d'autant plus fréquentes que les montagnes sont plus dépouillées.

Quand elle fond trop vite, en été, la neige cause aussi des inondations qui détruisent les récoltes.

Mais, à côté des désastres qu'elle cause, il est juste de faire connaître les services qu'elle rend.

Ces neiges éternelles qui couronnent les hauts sommets des montagnes donnent naissance aux grands fleuves. C'est en

Suisse que se trouvent les sources du Rhône, du Rhin et du Pô ; c'est du sommet des Cordillières que descend la rivière des Amazones, le plus grand fleuve du monde. C'est le réservoir intarissable d'où s'échappent, au temps des fortes chaleurs, les ruisseaux nécessaires à l'irrigation des vallées. Ce qui eût été de trop à une époque, devient ainsi fructueux dans l'autre.

Quand la neige tombe épaisse dans la plaine et y persiste, c'est que le froid est rigoureux ; elle préserve alors les jeunes plantes, les céréales, des atteintes d'une forte gelée qui les eût privées de vie et nous de récoltes. La surface supérieure de la neige se durcit par l'effet du froid, mais la couche en contact avec le sol conserve une température assez voisine de zéro, ce qui suffit pour détruire une partie des insectes qui, après les hivers trop doux, font de grands dégâts au printemps. Les paysans disent que la neige engraisse la terre, ce qui veut dire que la végétation devient ensuite aussi belle que si l'on avait prodigué l'engrais. La neige, comme la pluie, contient d'ailleurs une faible proportion d'acide azotique et d'ammoniaque qui exercent une action favorable sur la végétation.

Une basse température et une atmosphère chargée d'humidité étant des conditions indispensables à la production de la neige, il est évident qu'elle ne doit pas être comme dans toutes les contrées du globe ; aussi n'en tombe-t-il jamais dans les régions équatoriales, rarement dans les parties chaudes des zones tempérées, tandis qu'elle devient de plus en plus abondante à mesure qu'on se rapproche des pôles ; il est même des latitudes où elle recouvre habituellement le sol.

La température diminuant à mesure qu'on s'éloigne en s'élevant de la surface de la terre, on conçoit que ce qui précède n'est applicable qu'aux parties basses du globe, et qu'à l'égard des montagnes il doit en être autrement. Même sous l'équateur, les hauts sommets sont couverts de neiges perpétuelles ; mais on ne les rencontre qu'à 4880 mètres au-dessus du niveau de la mer ; sous le parallèle du 35ᵉ degré on les atteint à 3500 mètres ; sous le 45ᵉ cette hauteur est de 2,400 mètres ; sous une latitude de 65° elle est réduite à 950 mètres ; enfin, dans la zone glaciale, au-delà du 75ᵉ degré, la glace est permanente au niveau de la mer.

La *grêle*, qui tombe presque toujours en été, est également de l'eau à l'état solide ; on attribue sa formation à l'électricité dont les nuages orageux sont chargés.

En effet, la grêle tombe presque toujours alors que la température de l'atmosphère est suffocante, et à la suite des orages, sa formation est essentiellement locale, et les fortes grêles sont souvent précédées d'un bruit très-fort dans les nuages qui portent le fléau dans leur flanc.

Les nuages qui doivent fournir la grêle ont un aspect particulier qui les fait facilement reconnaître : ils sont ordinairement très-épais et offrent une nuance cendrée qui leur est propre ; généralement peu élevés, ils sont échancrés sur leurs bords et leur surface présente un grand nombre d'élévations irrrégulières.

Le grêlon est formé de couches concentriques, distinctes les unes des autres, de glace transparente, et qui sont venues se superposer autour d'un noyau qui ressemble à de la neige tassée.

On suppose que les grêlons qui quelquefois, atteignent la grosseur d'un œuf, sont formés entre deux nuages superposés et chargés d'électricité contraire ; que le bruit provient du choc qu'ils éprouvent entre eux lorsqu'ils sont chassés successivement de l'un de ces nuages vers l'autre, jusqu'à ce que la gravité les précipite à la surface de la terre.

On fait dans les cours de physique une expérience qui a quelque analogie avec ce phénomène. On interpose des corps légers, des boules de sureau par exemple, entre deux plateaux chargés d'électricité contraire ; aussitôt ces petits corps se mettent à voyager avec rapidité de l'un des plateaux à l'autre qui successivement les repoussent ou les attirent suivant qu'ils sont chargés de la même électricité ou d'électricité contraire, et cela jusqu'à ce qu'elle soit épuisée dans les deux plateaux.

On voit que chaque saison a son mode particulier de présenter à la terre l'eau du ciel sous la forme solide. Au printemps, c'est la gelée blanche ; en été la grêle ; en automne, le givre ; en hiver, la neige ou la glace.

Sous quelque forme qu'elle se présente, l'eau sort du bassin

des mers et elle y retourne. Commençons donc par l'Océan,
l'étude du phénomène merveilleux de la circulation de l'eau
sur la terre et dans l'atmosphère.

CHAPITRE VI

L'OCÉAN

L'océan est cette immense étendue d'eau qui environne les continents et les îles et couvre de ses flots plus des deux tiers du globe.

Les eaux sont très-inégalement réparties à la surface de la terre : un coup d'œil jeté sur une sphère terrestre suffit pour reconnaître que l'hémisphère austral est presque complétement couvert par les eaux, tandis que tous les grands continents sont groupés dans l'hémisphère boréal.

Une immense quantité d'eau couvre donc la plus grande partie du globe. Ces eaux occupent toujours les parties les plus basses, elles sont toujours de niveau et elles tendent perpétuellement à l'équilibre et au repos. Cependant elles sont agitées par diverses causes qui, s'opposant à la tranquillité de cet élément, lui impriment des mouvements divers.

L'on y voit des vagues énormes ; l'on y remarque des courants rapides qui paraissent aussi invariables que ceux des fleuves de la terre. Là sont ces contrées orageuses où les vents en fureur précipitent la tempête, où la mer et le ciel également agités, se choquent et se confondent ; ici, sont des mouvements intestins, des bouillonnements, des trombes et des agitations extraordinaires causées par des éruptions sous-marines. Là ce sont

des gouffres, dont le marin le plus hardi n'ose approcher, et qui
semblent attirer les vaisseaux pour les engloutir. Puis, ce sont
encore de vastes plaines toujours calmes et tranquilles, mais
tout aussi dangereuses, où les vents n'exercent point leur empire,
où l'art du navigateur devient inutile, où il faut rester et périr.
Enfin, portant les yeux jusqu'aux extrémités du globe, on voit
ces glaces énormes qui se détachent des continents des pôles et
viennent, comme des montagnes flottantes, voyager et se fondre
jusque dans les régions tempérées.

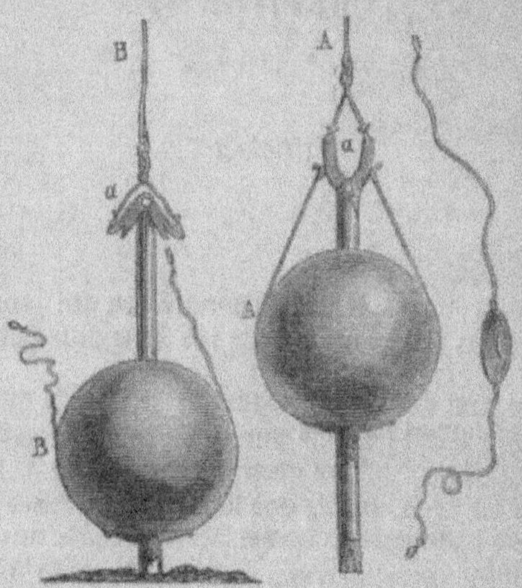

Fig. 14 — Sonde de Brooke (Détails et fonctionnement de l'appareil).

C'est de ce vaste réservoir que sortent les exhalaisons qui ra-
fraîchissent et humectent l'atmosphère : elles s'y condensent en
nuages, que les vents transportent dans l'intérieur des terres
pour s'y précipiter en gouttes liquides et former les eaux courantes, qui rentrent par mille embouchures dans le sein de la
mer où elles ont pris naissance, pour s'y évaporer de nouveau.
C'est une véritable circulation aussi complète, aussi nécessaire
que celle du sang chez les animaux ; car c'est d'elle que dépend l'existence de tous les êtres qui peuplent ce monde.

On a regardé longtemps la profondeur de la mer comme in-

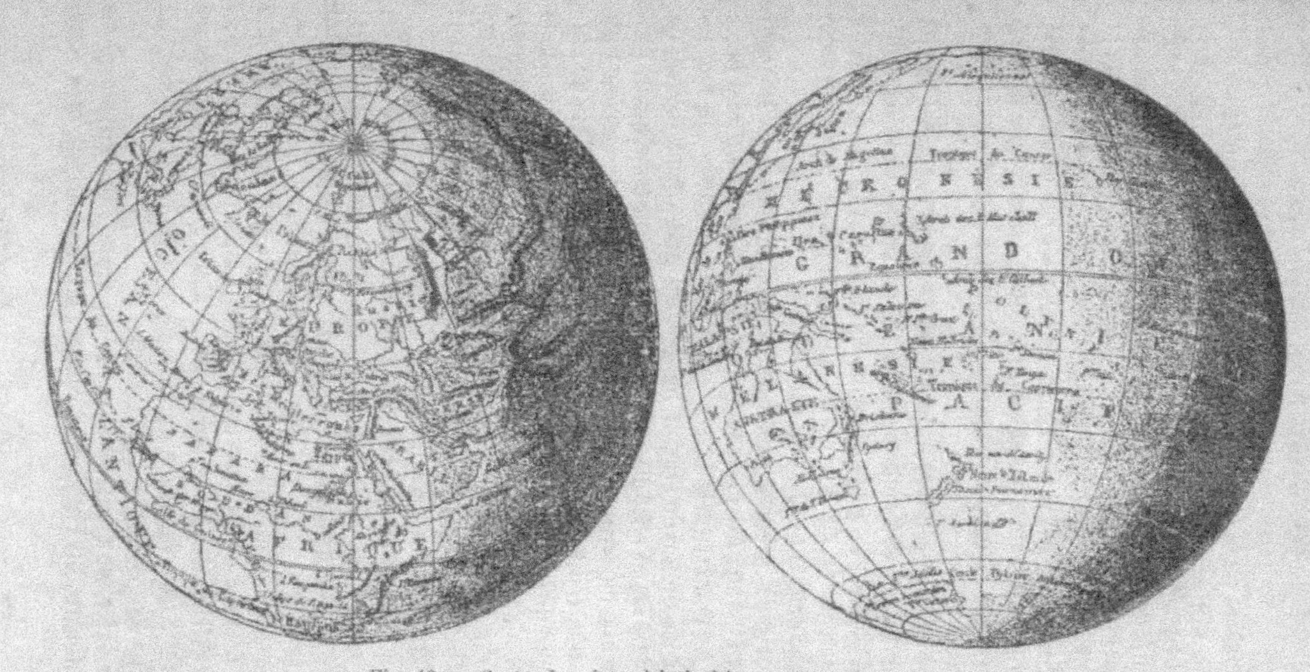

Fig 13. — Carte des deux hémisphères aqueux et terrestre.

calculable ; on la croyait immense. Des marins habiles avaient
opéré des sondages considérables sans pouvoir trouver le
fond ; mais les lignes à plomb employées autrefois ne pouvaient donner de résultats exacts, parce que la ligne, entraînée par les courants sous-marins, continuait à filer alors que le
plomb avait touché le fond. Ce n'est que dans ces derniers
temps, que de nouveaux appareils inventés par un officier de la
marine américaine, le lieutenant Brooke, associé aux travaux
du savant Maury, ont permis d'obtenir des résultats certains.

Cet appareil consiste en une ligne de sonde ordinaire, munie
d'un boulet, et à laquelle est adapté un système de déclic qui,
en dégageant le poids, lors du contact avec le fond, permet
de ramener la ligne avec un spécimen de ce fond qui reste
attaché dans un enduit de suif.

Les plus grandes profondeurs ainsi obtenues se trouvent
dans l'Océan Atlantique nord, et, autant qu'on en peut juger
par les nombreux sondages opérés sur divers points, la profondeur maximum de l'Océan ne dépasse guère 7800 mètres. Ce
résultat est en effet d'accord avec ce que nous apprennent l'astronomie moderne et les grandes lois de la gravitation universelle. L'illustre Laplace a démontré que, en raison de l'influence que la lune et le soleil exercent sur notre planète, la
profondeur moyenne des mers ne pouvait dépasser 8000 mètres.
Ainsi les plus hautes montagnes s'élèvent au dessus des eaux
à la même distance que les abîmes de l'océan s'enfoncent dans
l'intérieur de la terre.

Le fond de la mer offre dans son étendue les mêmes formes,
les mêmes inégalités, les mêmes variations que nos continents ;
il est divisé par des chaînes et des groupes de montagnes, dont
les sommets élevés au dessus des flots forment des îles nombreuses plus ou moins étendues. Là c'est une vaste plaine que
les flots sillonnent dans tous les sens ; ailleurs des collines et
des vallées, des hauts fonds et des abîmes se font remarquer
soit par leur influence sur les courants, soit par les dangers
qu'ils font courir aux navigateurs.

« Si les eaux se retiraient de ce vaste sillon qui sépare les
continents, dit l'ingénieux Maury, on découvrirait sans doute

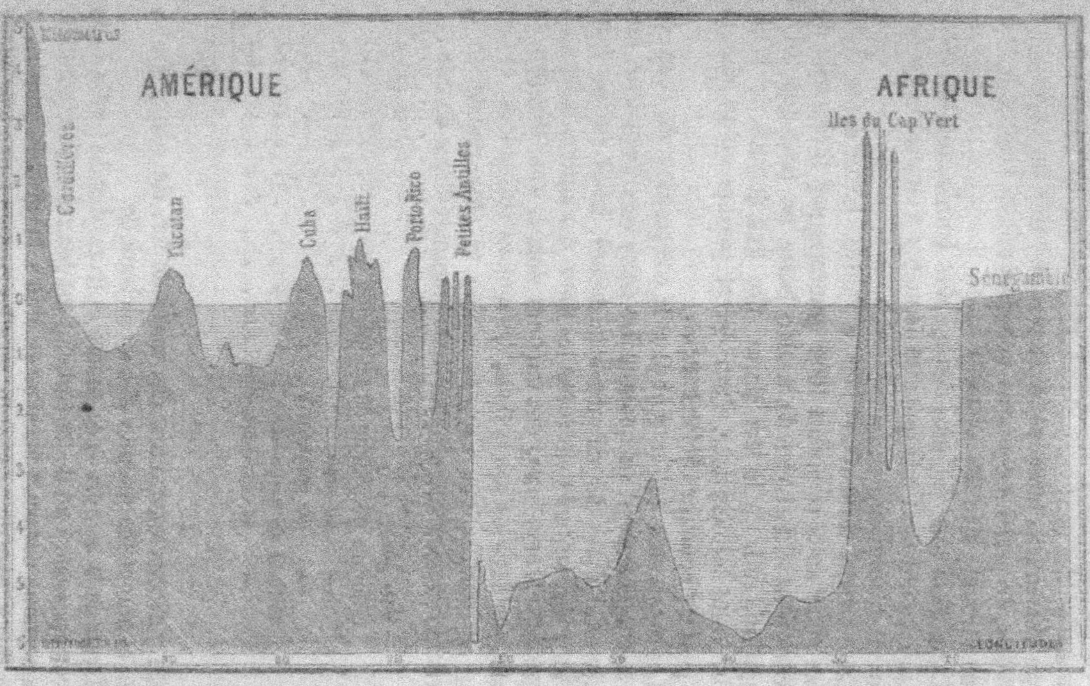

Fig. 15. — Coupe de l'Océan atlantique d'après les sondages du commandant Maury.

parmi les lignes tourmentées du fond de la mer les restes d'innombrables naufrages. Alors apparaîtrait ce terrible mélange d'ossements humains, de débris de toutes sortes, d'ancres pesantes, de perles, de pierres précieuses dont l'image fantastique a troublé bien des songes. »

L'eau de la mer est plus dense, plus lourde que les eaux douces, ce qui tient à la quantité de matières étrangères qu'elle tient en dissolution.

Cette densité varie d'une mer à l'autre. L'eau douce étant prise pour unité et pesant 1000 grammes par litre, celle de l'Océan pèse 1028. L'eau de la Mer Noire ne pèse que 1014, tandis que celle de la Mer Morte offre une densité de 1250. Dans cette dernière mer, l'eau est si pesante qu'un homme ne peut s'y enfoncer complétement.

Les substances qui entrent dans la composition de l'eau de la mer augmentent en quantité des pôles vers l'équateur. Les diverses analyses des chimistes modernes, faites sur de l'eau prise à des latitudes éloignées les unes des autres, ainsi qu'à différentes profondeurs, ont toujours donné, avec très-peu de variations dans les proportions, les mêmes substances ; et l'on peut en conclure que l'approximation la plus grande de sa véritable composition est pour 1000 grammes d'eau de mer :

Eau pure.	962,5
Chlorure de sodium ou sel marin.	26,6
— de magnesium.	5,0
— de potassium	0,4
Sulfate de magnésie.	4,3
— et carbonate de chaux	1,2
	1000,0

On y découvre en outre des traces de fer, de silice, d'iode, etc., et une petite quantité d'acide carbonique.

L'eau de la mer est salée, amère et nauséabonde ; celle de la surface possède à un degré éminent les deux dernières qualités. L'amertume des eaux marines est due à la grande proportion des sels à base de magnésie qu'elles contiennent ; leur odeur parfois nauséabonde paraît résulter de la grande quantité des corps organiques qui s'y dissolvent chaque jour. L'amertume diminue à mesure que la profondeur augmente ; à 80 ou 100 brasses l'eau est simplement salée et ne donne plus à l'analyse que des traces de sel de magnésie.

Généralement la quantité de sel, eu égard au poids de l'eau, est approximativement la même, que cette eau soit prise à de grandes profondeurs ou à la surface. Il y a cependant quelques circonstances où ce principe cesse d'être exact. Ainsi la mer paraît plus salée au large que près des côtes, et dans l'hémisphère boréal plus que dans l'hémisphère austral. Au détroit de Gibraltar, le contre-courant inférieur est plus salé que le courant supérieur; il en est de même au détroit des Dardanelles. La mer Baltique est, au contraire, moitié moins salée que l'Océan.

Les savants de tous les âges ont recherché la cause première de la salure des eaux de la mer ; mais l'on n'a jusqu'à présent, sur ce sujet, que des hypothèses plus ou moins ingénieuses.

On a longtemps attribué cette salure à la dissolution d'immenses bancs de sel gemme contenus dans le bassin des mers. Mais comment admettre des couches de sel assez puissantes pour fournir à la mer tout le sel qu'elle contient, lorsque le calcul démontre que si on pouvait réunir tout ce sol en une seule masse, cette masse répandue sur le continent de l'Europe le couvrirait d'une couche épaisse d'environ 1800 mètres.

Halley l'a regardée comme le produit des substances que les eaux continentales entraînent dans la mer; mais il est certain que les eaux des fleuves en contiennent à peine quelques atomes.

L'opinion la plus généralement répandue, est que l'eau, en se séparant de l'atmosphère, à l'origine des choses, se précipita sur le globe tenant en dissolution les sels qu'elle renferme encore aujourd'hui.

La géologie, d'accord avec la Bible, nous apprend qu'à une certaine époque, les eaux couvraient la terre, à l'exception peut-être de quelques pics isolés, et que les premiers habitants du globe ont été des polypes et des mollusques, dont on retrouve les traces aussi bien sur les flancs des montagnes que dans les couches les plus profondes où se manifestent les preuves de la vie.

Les coraux ont survécu à tous les cataclysmes de notre planète, et les matières qu'ils sécrétaient pour former leurs habitations sont encore les mêmes. Il est donc probable que la constitution des mers dans lesquelles ils vivaient était la même aussi.

Tout est mystère dans ce phénomène, plus nécessaire, plus indispensable à la conservation des êtres et à l'harmonie générale qu'on ne le pense généralement, et dont tant de millions d'hommes retirent des avantages immédiats sans chercher à en connaître la cause.

Néanmoins l'eau de mer n'est point potable; on ne peut l'employer ni comme boisson ni pour la cuisson, ce qui force les marins à emporter de l'eau douce sur leurs navires et à renouveler leur provision lorsqu'elle s'épuise. On parvient à la rendre bonne à boire au moyen de la distillation, et il existe des appareils spéciaux dans ce but; mais cette opération présente des difficultés en mer, et d'ailleurs il est difficile de la pratiquer avec assez de précision pour lui ôter toutes ses qualités nuisibles, aussi préfère-t-on, la plupart du temps, emporter l'eau douce et la renouveler en temps utile.

Longtemps l'on a cru qu'à une certaine profondeur la mer, comme la terre, avait une température uniforme et, qu'à partir de ce point, la chaleur augmentait en raison de la profondeur; il n'en est pas ainsi. Lorsque l'on descend dans les profondeurs de la mer, la température décroît suivant des lois déterminées. Comme toute molécule d'eau qui se refroidit devient plus dense et descend aussitôt, il en résulte que partout la température de la mer à la surface tend à se mettre en équilibre avec celle des couches d'air voisines.

De nombreuses observations thermométriques ont démontré que, depuis l'équateur jusqu'aux parallèles du 48° degré de latitude boréale et australe, la température moyenne de la surface des mers est un peu supérieure à celle de l'atmosphère; que cette température est relativement plus élevée en pleine mer que près des côtes, que l'eau de mer sur un banc est toujours plus froide qu'en pleine mer et que la différence est d'autant plus grande que le banc est plus élevé. Ce phénomène résulte du refroidissement que l'eau éprouve par le rayonnement et par l'évaporation.

La température de l'eau de mer est beaucoup plus élevée dans la zone torride que dans les régions tempérées et dans celles-ci que vers les pôles. Elle diminue avec la profondeur ; c'est ainsi que sous les tropiques, à 2000 mètres environ, la température est à 4° tandis qu'elle est de 30° à la surface. Plus au nord, vers le 45° de latitude, la couche d'eau à 4° est moins profonde; on la rencontre à 1000 mètres environ, et plus l'on s'éloigne de l'Equateur vers les pôles, plus cette couche liquide de 4° se rapproche de la surface ; mais, arrivé à une certaine distance des pôles, cette couche à 4° s'abaisse de nouveau, et les couches supérieures sont les plus froides. Comme nous le verrons plus loin, ces différences sont dues aux courants et

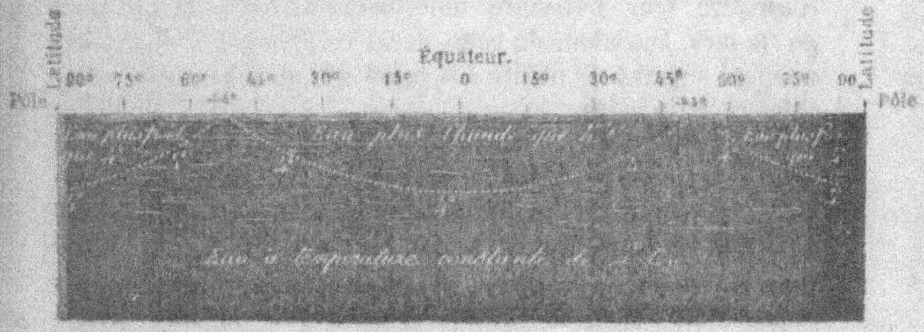

Fig. 16. — Ligne de démarcation du maximum de densité de l'eau.

contre-courants de la mer qui, eux-mêmes, résultent de la densité et par conséquent de la température et de la salure des eaux.

La mer a ses climats comme la terre, et les poissons sont assujettis à vivre sous un climat déterminé comme les plantes et tous les autres animaux. Mais la température décroissant à partir de la surface à mesure que la profondeur augmente, les poissons et les autres habitants de la mer, qui aiment les eaux profondes, peuvent trouver, jusque sous les tropiques, les basses températures et les frais climats des zones tempérées ou même des régions froides. Cette circonstance influe puissamment sur les migrations et sur la distribution géographique d'un grand nombre d'animaux marins.

L'eau prise en grande masse est colorée ; la mer nous en fournit l'exemple le plus grand. Comme celle de l'air, sa couleur est due à la reflection des rayons lumineux. Lorsque la lumière agit seule sur le fluide, la couleur des eaux est un bleu verdâtre foncé, quelquefois presque indigo ; elle devient plus claire sur les côtes et dans le voisinage des terres ou des hauts fonds ; mais, si d'autres causes, telles que la présence d'une grande quantité d'animaux, quelque petits qu'on les suppose ; si des prairies flottantes de plantes marines, des bancs de mollusques ou de polypiers, des roches madréporiques ou d'une matière particulière, enfin, si le voisinage de certains fleuves, dont les eaux charrient un limon très-coloré, viennent confondre leur puissance réfléchissante avec celle de l'eau de la mer, la couleur de cette dernière présentera différentes nuances suivant la nature des corps qui absorbent ou réfléchissent la lumière.

C'est à ces causes diverses que la mer du Nord et le golfe de Guinée doivent la couleur blanchâtre de leurs eaux, les mers de la Chine et du Japon leur teinte jaunâtre, celles du golfe de Californie la teinte rosée qui lui a fait donner le nom de mer Vermeille. C'est à la présence d'une masse considérable d'algues microscopiques que la mer Rouge emprunte la couleur à laquelle elle doit son nom. Ces eaux sont verdâtres, à l'ouest des Canaries et des Açores. C'est à ses tempêtes fréquentes et terribles que la mer Noire doit son nom et la mer Blanche à ses glaces flottantes.

La lumière du soleil pénètre-t-elle jusque dans les plus grandes profondeurs de l'Océan s'est-on souvent demandé.

Si l'on ne considérait que l'homme et la faiblesse de ses organes, il serait facile de répondre à cette question, et l'on dirait que les rayons lumineux ne parviennent qu'à une profondeur de 300 mètres au plus Cependant, des êtres organisés vivent dans les abîmes incommensurables de l'Océan ; tout le prouve. Des plantes marines de 500 mètres de longueur (*macrocystis*) ; des roches madréporiques qui s'élèvent verticalement du fond de la mer dans des parages où la sonde reste flottante, le corail ordinaire que l'on pêche jusqu'à 300 mètres, enfin, les coquilles fragiles et les animalcules

Fig. 17. — La mer phosphorescente pendant la nuit.

que la sonde ramène des grandes profondeurs, nous démontrent chaque jour que les eaux sont habitées jusqu'au fond des abîmes.

D'après ces faits, il semble que l'on doive admettre, ou que la lumière n'est pas indispensable à l'existence de tous les êtres organisés, ou que les rayons lumineux pénètrent jusqu'au fond des mers, quoi qu'il en soit, il n'y règne pas une obscurité absolue. Ces rayons ne peuvent être appréciés par nos organes; cependant la faible lueur qu'ils répandent suffit pour des plantes, des animaux, dont les sensations sont assez parfaites pour palper en quelque sorte la lumière par toute la surface de leur corps.

Outre sa coloration variée, la mer présente parfois un phénomène merveilleux : la phosphorescence de ses eaux. C'est un des plus beaux spectacles que l'Océan puisse offrir. Presque nul dans le nord, peu brillant dans les zones tempérées, c'est entre les deux tropiques et dans leur voisinage que ce phénomène se présente dans toute sa majesté.

Le vaisseau trace un sillon de feu sur la plaine liquide, chacun de ses balancements fait jaillir des torrents de lumière; le long de ses flancs s'élèvent des flammes qui semblent prêtes à le dévorer. Aussi loin que la vue peut s'étendre, la surface de l'océan étincelle et brille comme une étoffe d'argent électrisée dans l'ombre. Tout est animé, tout s'agite dans ce vaste ensemble ; les masses lumineuses se multiplient, se dispersent, se réunissent et ne forment alors qu'une vaste plaine de feu aussi effrayante par son étendue que sublime par sa beauté. Si les vents agitent les flots, le spectacle est plus varié : les lames lumineuses s'élèvent, roulent et se brisent en écume comme un torrent de feu ; ce sont des cônes de lumière pirouettant sur eux-mêmes, des guirlandes étincelantes, des serpentaux lumineux. La lune ternit à peine l'éclat de ce phénomène, mais le soleil équatorial, dissipant presque subitement les ombres de la nuit, semble éteindre les lueurs de ces corps phosphoriques ; ils s'évanouissent devant l'astre du jour pour reparaître la nuit suivante.

La phosphorescence de la mer a beaucoup occupé les naturalistes ; les uns l'ont attribuée au fluide électrique développé par le frottement des particules aqueuses auquel ils ajoutent le choc des molécules salines. Les autres la considèrent comme un résultat de la décomposition des plantes, des poissons et des animaux invertébrés que la mer nourrit en si grande quantité. Mais il est démontré aujourd'hui que ce phénomène est occasionné pour des myriades de zoophytes et d'animalcules, sortes de flambeaux vivants, dont la phosphorescence est aussi naturelle que celle de certains insectes. Telle est la *Mammaria scintillans*, espèce d'ortie de mer

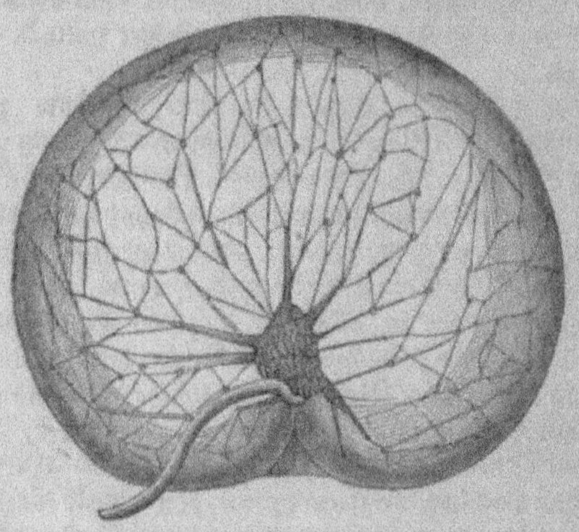

Fig. 18. — La noctiluque vue à un grossissement considérable.

dont le volume égale à peine celui d'une tête d'épingle, le *noctiluca miliaris*, infusoire gélatineux qui se meut à l'aide de sa trompe, une foule de vibrions, de bactérions, de monades dont plusieurs millions tiendraient à l'aise dans un centimètre cube !

D'autres fois tout l'océan paraît comme une mer de lait ou une plaine couverte de neige ; ce phénomène est dû aux mêmes causes que la phosphorescence.

L'Océan est le berceau de la vie, c'est au milieu de l'élément liquide que parurent les premiers êtres organisés. Des milliers d'habitants en peuplent toute l'étendue et leur variété

surpasse tout ce que la terre et l'air peuvent offrir à nos
regards. Il renferme les limites extrêmes de la création, depuis

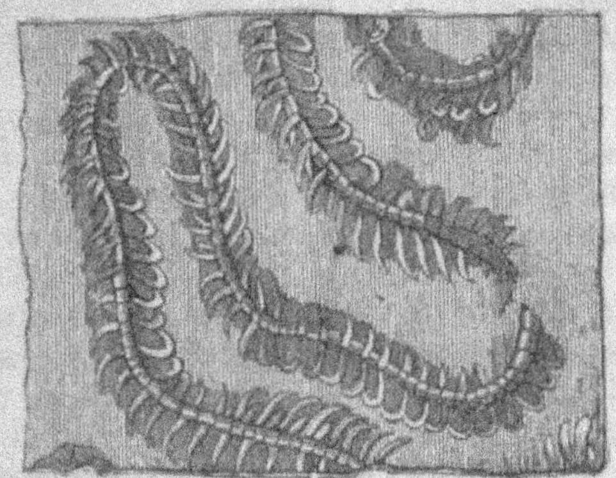

Fig. 19. — Le premier habitant du monde : la néréide.

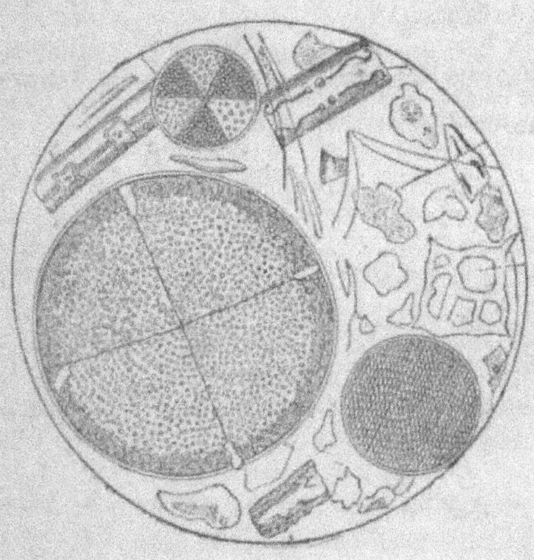

Fig. 20. — Infusoires marins.

l'infusoire microscopique jusqu'à la colossale baleine. Son sein
fourmille d'animaux sans cesse renaissants ; chacune de ses

vagues est comme un berceau où la vie se répand de toutes parts.

Les plantes y forment des prairies ou des forêts d'une grande étendue, les poissons, les mollusques, les crustacés, les zoophytes les animent par leurs jeux et leurs mouvements ; ils trouvent au milieu de ces végétaux une nourriture abondante, un asile contre la voracité de leurs ennemis, un abri sous lequel ils peuvent braver les orages et les tempêtes.

Les uns couverts d'écailles légères le disputent en vivacité et en brillantes couleurs aux légers habitants de l'air ; ils volent dans l'onde, s'élancent dans toutes les directions et ne connaissent presque point de bornes à leurs longues excursions. D'autres chargés d'une épaisse coquille, se traînent pesamment e marquent avec lenteur leur route sur le sable; d'autres encore, à qui tout mouvement a été refusé, croissent et vivent attachés aux rochers. Enfin, il est de ces animaux si singuliers qu'ils semblent végéter comme des plantes toujours chargées de fruits et de fleurs. (1)

(1) Nous avons tenté dans un autre ouvrage : *les Secrets de la plage* de donner une idée des plantes et des animaux dont les nombreuses colonies peuplent les rivages de l'Océan.

CHAPITRE VII

L'eau tendant toujours à prendre une horizontalité parfaite, les mers doivent présenter partout, et présentent en effet à peu près partout, le même niveau. Ce principe semble démontré par les travaux des astronomes célèbres qui ont mesuré la méridienne depuis Dunkerque jusqu'à Barcelone et, plus nouvellement, depuis l'extrémité nord des Iles Britanniques jusqu'à Iviça, non loin du royaume de Valence. Ils ont prouvé que le niveau de la Méditerranée et celui de l'Océan, dans ces points si éloignés les uns des autres, ne présentent aucune différence sensible.

Les savants attachés à l'expédition d'Égypte avaient conclu à la différence de niveau entre les eaux de la mer Rouge et celles de la Méditerranée. Ils estimaient que la première était plus élevée que la seconde de près de 10 mètres au moment de la pleine mer. L'illustre Laplace était seul d'un avis contraire et pensait que les eaux des deux mers étaient au même niveau. Les opérations récentes, faites avec le plus grand soin et à plusieurs reprises par les ingénieurs attachés à la grande entreprise du percement de l'isthme de Suez, ont prouvé que Laplace avait raison et que ce niveau est parfaitement égal.

Cependant, des causes locales, telles que des courants, des

vents régnants, la conformation des côtes, peuvent amener des différences de niveau; mais toujours peu notables. Il en est autrement dans les mers isolées. La mer Noire est sensiblement plus élevée que la Méditerranée; la mer Caspienne est au contraire plus basse de 41 mètres au moins. Il en est de même de la mer Morte, dont le niveau est de 390 mètres inférieur à celui général des mers.

Cette différence est due, soit à un affaissement du sol, soit à la diminution progressive de leurs eaux, par suite d'une évaporation dépassant la précipitation. Aujourd'hui, le niveau de ces mers ne change plus, ce qui s'explique par la compensation exacte entre les eaux qu'elles perdent par l'évaporation et celles qu'elles reçoivent.

De tous ces faits, l'on peut donc conclure que le niveau de l'Océan est à peu de chose près le même partout: que cela doit être ainsi d'après les lois physiques, et que les différences observées dans les mers intérieures, les golfes, les grands lacs, tiennent à des causes particulières et explicables.

C'est en partie à cette tendance à regagner leur niveau, que sont dus les mouvements des eaux de la mer.

Les eaux marines, comme les eaux douces, cèdent à la plus légère pression, par l'effet de leur fluidité. L'agitation la plus faible qu'on leur imprime s'étend à une grande distance, principalement sur leur surface; elles conservent la même impulsion, elles suivent la même direction, longtemps après que la cause a cessé d'agir.

Les mouvements qui agitent les eaux de la mer, sont de trois sortes: ceux propres de la mer, les mouvements atmosphériques, les mouvements sidéraux ou les marées.

Les premiers sont irréguliers et accidentels comme les vents qui les font naître; ils produisent les ondes, les vagues, les lames.

Le zéphyr ride la surface des eaux, un vent léger produit quelques ondulations qui deviennent des ondes par un vent plus fort, elles se changent en vagues écumantes pendant une tempête, et forment des lames larges et profondes lorsque ces vagues ne rencontrent aucun obstacle dans leur développement, et que les vents soufflent longtemps dans la même direction.

La hauteur des vagues et des lames, la manière dont elles se déploient et se brisent, leur vitesse et leur étendue dépendent de la profondeur de la mer, de la largeur du bassin, ainsi que de la force du vent.

En pleine mer et pendant la tempête, il se produit des vagues dont la hauteur peut aller à 11 mètres; mais, lorsqu'elles rencontrent des obstacles et se heurtent aux rochers du rivage; elles s'élèvent dans l'air à une hauteur prodigieuse et avec une force irrésistible.

Les flots de fond sont dus à des accores ou ressauts du fond de la mer; entravées dans leur marche, les vagues tendent à s'élever dans l'air, soulèvent les couches supérieures et forment des montagnes liquides de 30 à 40 mètres de hauteur qui retombent avec un bruit formidable et font trembler au loin les côtes. Ce sont ces flots gigantesques qui, surtout à l'époque des grandes marées, produisent à l'embouchure des fleuves les barres, les mascarets, la prororoca de l'Amazone.

Lorsque les compagnons de Néarque, sous Alexandre-le-Grand, atteignirent les embouchures de l'Indus, ils furent surpris de voir monter et descendre régulièrement les eaux de la mer, fait qu'ils n'avaient pas observé sur les côtes de l'Asie-Mineure et de la Grèce. Et le peu de temps qu'ils restèrent en ces lieux leur permit de reconnaître la liaison qui existe entre ce phénomène et les phases de la lune; mais ils ne purent en deviner la cause.

De nombreuses hypothèses, plus ou moins ingénieuses, cherchèrent à expliquer la cause des marées, jusqu'au moment où le génie de Newton découvrit ces grandes lois de la gravitation universelle qui enchaînent le soleil et les planètes, qui rappellent la comète errante de sa course lointaine et agissent sur tous les corps solides ou liquides.

Dans les parties de l'Océan sujettes aux marées, la mer offre chaque jour deux oscillations régulières, plus ou moins fortes et d'une durée à peu près égale. Sur les côtes de France, la première de ces oscillations fait monter la mer pendant environ 6 heures. Parvenue à sa plus haute élévation, elle reste stationnaire environ un quart d'heure. C'est le moment de la haute mer ou de la pleine mer; on nomme flux ou flot le mouvement qui l'a produite. Bientôt la mer commence à baisser, elle met environ 6 heures pour se retirer, et demeure basse à peu près une demi-heure. Le courant produit par cet abaissement prend le nom de reflux ou de jusant. Après quelques instants de repos, la mer recommence à monter et présente de nouveau les mêmes phénomènes. Ainsi, dans 24 heures et 3\4 environ, suivant l'influence sidérale, il y a deux marées.

Fig. 21. — Démonstration théorique de la marée.

Quoique la durée des marées soit presque toujours la même, la hauteur à laquelle elles montent varie. On peut calculer et prévoir cette élévation d'une manière très-précise, parce que ces vastes oscillations des eaux marines sont intimement liées aux mouvements invariables de la lune autour de la terre, et à ceux de ces deux astres autour du soleil. Cette action est démontrée avec une précision mathématique dans les ouvrages des astronomes et des physiciens modernes.

Le flux et le reflux solaires se renouvellent à chaque intervalle d'un demi jour solaire, le flux et le reflux produit par l'action de la lune recommencent chaque demi jour lunaire. Ces deux marées partielles séparent ou réunissent leurs actions selon la position des astres.

Les grandes marées n'arrivent jamais que dans les syzygies, lorsque les deux astres sont en conjection ou en opposition, c'est-à-dire, lorsqu'une ligne droite passe par les centres du soleil de la lune et de la terre et, par conséquent, dans la nouvelle et dans la pleine lune ; les deux forces d'attraction s'ajoutant dans ce cas, il en résulte une marée plus forte. Les plus petites marées s'observent dans les quadratures, c'est-à-dire lorsque la lune et le soleil sont à 90° de distance l'un de l'autre, ou dans le premier et le dernier quartier. Leurs forces se contrarient alors, et la marée qui en résulte n'est que la différence ou l'excès de la force d'attraction de la lune sur celle du soleil. Il est reconnu en effet, que dans les distances moyennes du soleil et de la lune à la terre, la marée lunaire est trois fois plus grande que la marée solaire, ou, en d'autres termes que la force attractive la lune est trois fois plus grande que celle du soleil.

Ces oscillations des eaux marines sont d'autant plus fortes que les corps célestes sont plus rapprochés ; elles diminuent par leur éloignement ; elles se modifient par leur déclinaison. De là vient que lorsque la lune est à son périgée, on à sa plus petite distance de la terre, la mer s'élève davantage que lorsque la lune est à son apogée ; il en est de même pour le soleil.

C'est au moyen de ces données et de quelques autres, que l'on calcule les plus grandes marées de chaque année et leur élévation exacte. C'est un des plus beaux triomphes de l'analyse mathématique d'avoir soumis le phénomène des marées à la prévision humaine. Grâce à la théorie complète due au génie de Laplace, on peut calculer l'heure, la minute, où commenceront et finiront en tous lieux les marées ; on peut prévoir la hauteur à laquelle s'élèveront les eaux à chaque syzygie, et avertir ainsi les habitants des côtes des dangers qu'ils peuvent courir à cette époque.

L'heure de la pleine mer est toujours subordonnée au passage de la lune au méridien. A l'époque des syzygies, le moment de la pleine mer, au large, est éloigné de trois heures de l'instant où les deux astres passent au méridien du lieu de l'observation. Dans nos ports, ces marées suivent d'un jour et demi environ les instants de ces passages.

Les eaux s'élèvent du côté de l'astre qui agit ; au côté opposé, elles forment également un promontoire, parce que l'action de l'astre se fait plus fortement sentir sur le centre de notre globe que sur les eaux inférieures, qui semblent s'éloigner de la terre, comme si elles voulaient se perdre dans l'espace. On conçoit que les eaux situées au point opposé à celui où la lune, par exemple, exerce son influence attractive, se trouvant séparées de cet astre par toute l'épaisseur de notre globe, échappent à son action et restent pour ainsi dire en arrière de la masse liquide qui tend à se rapprocher de notre satellite et forment à ce point une autre élévation, une autre marée, ce qui donne à la terre la forme d'un sphéroïde allongé.

Parmi les causes secondaires qui font varier la hauteur ou la force des marées, l'on doit remarquer les grandes inégalités du fond de la mer, la position et la pente des côtes, leur forme irrégulière, la largeur du bassin, celle des détroits, ainsi que leur direction, les vents etc.

Plus les eaux sont libres dans tous les sens, moins les marées sont considérables. Dans les îles de la mer du sud, situées entre les tropiques, les marées ne s'élèvent qu'à un ou deux pieds, tandis que sur les côtes occidentales de l'Europe, à Granville et à Saint-Malo, par exemple, elles peuvent monter jusqu'à 16 et 18 mètres.

La lame immense qui s'élève sous la force attractive de la lune accomplirait tranquillement sa circulation à la suite de notre satellite, sans les obstacles qu'elle rencontre, et contre lesquels elle se raidit et concentre ses forces. C'est d'abord la Nouvelle-Hollande d'un côté et l'Asie méridionale de l'autre qu'elle rencontre sur son chemin. Comprimée entre ces terres, de peu élevée qu'elle était, elle gagne en hauteur ce qu'elle perd en base : dans cet état elle double la pointe de l'Afrique. Une heure après que la lune atteint son apogée à Paris, la

Fig. 24. — La barre de la Seine.

lame arrive à Fez et au Maroc ; deux heures plus tard, elle se presse dans le détroit de Gibraltar et passe près de la côte du Portugal. A la quatrième heure, elle se précipite dans la Manche. Arrêtée par la côte rocheuse de l'Irlande et les nombreux groupes d'îles du Nord de cette terre, elle ne devient sensible qu'à la huitième heure dans la partie supérieure de la mer du Nord et dans les eaux des bords de la Norwége. Une autre partie de cette même lame passe de la pointe méridionale de l'Afrique vers la côte orientale de l'Amérique, et, avec une vitesse de 120 lieues à l'heure, elle s'écoule le long de la côte vers le Nord, où, comprimée dans les golfes tels que la baie de Fundy, elle monte à plus de 20 mètres de hauteur.

Malgré cette puissance, beaucoup plus grande que celle des plus formidables ouragans, l'eau de la marée n'est point aussi destructive que les lames soulevées par la tempête. A heure fixe, cette montagne d'eau soulevée par un ressort invisible s'élève et monte sur le rivage ; elle se précipite avec une force irrésistible et s'arrête doucement au moment prévu, sans dépasser la limite que la puissante main du Créateur lui a tracée. En réalité la marée n'offre du danger que lorsqu'elle entre en lutte avec d'autres courants, comme à l'embouchure des grands fleuves. Elle produit souvent dans ce cas des effets prodigieux et terribles.

Dans la plupart des fleuves, l'influence supérieure de la mer, surtout aux époques des grandes marées, refoule leurs eaux dans leur lit. C'est une espèce de lutte qui a lieu entre les eaux du fleuve et celles de la marée montante. Ce phénomène se produit habituellement sous forme d'une vague immense qui semble partir de la surface de la mer et qui remonte le courant avec une effrayante rapidité. Cette vague gigantesque, exerçant sur les corps une action proportionnelle à sa masse et à sa vitesse, entraîne ou engloutit quelquefois les vaisseaux les plus forts, les jette sur le rivage et renverse dans sa course rapide les obstacles qu'elle rencontre. Rien ne l'arrête, elle passe, et les bords du fleuve ne ressemblent plus à ce qu'ils étaient avant son apparition.

Cette vague prend le nom de *barre* à l'embouchure de la Seine, du Sénégal et du Gange, celui de *mascaret* dans la

Garonne et la Dordogne. Mais le plus beau phénomène en ce genre est celui que présente le géant des fleuves, l'Amazone : les Indiens lui donnent le nom de *Prororoca*.

A la marée montante, et surtout à l'époque des grandes marées, c'est-à-dire le lendemain et le surlendemain de chaque nouvelle ou pleine lune, la masse d'eau immense que l'Amazone verse dans le sein de l'Océan, refoulée par la marée montante, forme une montagne liquide haute de 20 mètres. Le choc terrible de ces deux masses d'eau fait trembler toutes les îles d'alentour. Le fleuve roi semble redoubler de puissance et d'énergie ; ses eaux et celles de l'Océan se rencontrent comme deux armées ; les rivages sont inondés de leurs flots écumeux ; des arbres séculaires et des rochers entraînés comme de légers galets se heurtent sur le sommet des vagues qui les portent. De longs mugissements roulent d'île en île ; on dirait que le génie du fleuve et le dieu de l'Océan se disputent l'empire des flots.

C'est également au conflit de certains courants avec la marée que sont dus les tourbillons ou *tornados*, dont quelques-uns sont très-redoutés des navigateurs. On en rencontre plusieurs dans les mers de la Chine et du Japon et dans le golfe de Guinée.

Les gouffres de Charybde et de Scylla, si célèbres chez les anciens, sont aujourd'hui peu redoutables et ne répondent pas à la description formidable qu'Homère nous en a faite. Ces deux gouffres, situés près de la Sicile, sont à peu près inoffensifs lorsque le temps est calme, mais, si les vagues soulevées par la tempête se choquent à ces tourbillons, elles forment une mer terrible et dangereuse. Le détroit paraît d'ailleurs s'être beaucoup élargi depuis le temps d'Homère, ce qui diminue beaucoup la puissance de ces tournants d'eau.

Le célèbre Maëlstrom, que les géographes anciens nommaient *umbilicus maris*, bien que les voyageurs en aient fort exagéré la puissance, est encore aujourd'hui un gouffre très-redouté. Il est situé sur la côte de Norwége, entre l'île de Wéro et celle de Lofoden. Il paraît formé par la marée, dont les vagues, repoussées par des écueils, tantôt au nord tantôt au midi, tournent en rond. La largeur du courant de Maëlstrom est d'environ deux milles et sa longueur de cinq milles à peu près. Le courant a sa direction pendant 6 heures du nord au sud et pendant 6 autres heures du sud au nord. Il forme un immense tourbillon qui représente un cône creux renversé.

Dans le temps des tempêtes et des vents orageux, très-communs dans ces parages, ce gouffre est très-dangereux. Il fait un bruit horrible et attire à une grande distance les navires qui ont le malheur d'en approcher et les brise contre les rochers pointus qui sont au fond du gouffre.

Les marées sont naturellement peu sensibles dans les petites mers intérieures ; il n'en est pas moins vrai qu'elles existent, puisque leurs eaux, comme celles de l'Océan, sont soumises à la loi universelle de l'attraction. Dans la mer Noire et la mer Caspienne, on ne remarque aucun mouvement analogue à celui des marées, parce qu'il est tellement faible qu'il se confond avec celui des vagues.

On a longtemps douté de l'existence des marées dans la Méditerranée ; mais des observations sérieuses faites à Toulon, à Venise et à Alger, ont permis de constater un mouvement régulier de flux et de reflux.

CHAPITRE VIII

De même que l'air, la mer offre des courants constants et réguliers. Ces courants océaniques, qui présentent au milieu des mers un singulier spectacle, dépendent du concours simultané d'un grand nombre de causes plus ou moins importantes, telles que la propagation successive de la marée dans son mouvement autour du globe, la durée et la force des vents régnants, et surtout les variations que la pesanteur spécifique des eaux de la mer éprouvent suivant la profondeur, la température et le degré de salure.

Les courants de la mer ont une largeur déterminée; ils traversent l'Océan comme de véritables fleuves dont les rives seraient formées par les eaux en repos. Leur mouvement contraste avec l'immobilité des eaux voisines, surtout lorsque de longues couches de varechs entraînées par le courant permettent d'en apprécier la vitesse.

La marche progressive des marées et les vents alizés font naître entre les tropiques le mouvement général qui entraîne les eaux des mers de l'Orient à l'Occident; on le nomme courant équatorial ou courant de rotation. C'est sur les côtes occidentales de l'Afrique, dans le golfe de Guinée, que ce courant prend naissance. Il remonte d'abord un peu le long des côtes africaines, puis tourne brusquement à l'ouest, et court vers l'Amérique en traversant l'Atlantique. Arrivé en vue des côtes du Brésil, il remonte au nord en côtoyant la Guyane, et, après avoir reçu les eaux de l'Amazone et de l'Orénoque, il pénètre dans le golfe du Mexique dont il contourne les côtes. Au moyen de ce courant qui, comme un immense fleuve, traverse l'Atlantique, la navigation à partir des côtes d'Espagne aux îles Canaries et de là aux côtes orientales de l'Amérique présente moins de dangers que la traversée des grands lacs de la Suisse ou le voyage par eau de Rouen au Hâvre.

Le golfe du Mexique, situé sous la zone torride et entouré de hautes montagnes, est comme une immense chaudière où s'engouffrent les feux du soleil tropical. C'est de ce foyer brûlant que les eaux amenées par le courant équatorial s'échappent, pour former le gigantesque courant connu sous le nom de *Gulf Stream* (courant du golfe). Il se précipite à travers le canal de Bahama ou détroit de la Floride et court vers le nordest avec une vitesse de deux lieues à l'heure.

« C'est un vaste fleuve au sein de l'Océan, dit le commandant Maury. Dans les plus grandes sécheresses jamais il ne tarit, dans les plus grandes crues jamais il ne déborde ; son niveau ne change jamais. Ses rives et son lit sont des couches d'eaux froides entre lesquelles coulent à flots pressés les eaux tièdes et bleues du Gulf Stream. Nulle part dans le monde il n'existe un courant aussi majestueux ; il est plus rapide que l'Amazone et son débit est mille fois plus considérable que celui du Mississipi. Ses eaux sont couleur d'indigo, et leur ligne de séparation avec les eaux vertes de l'Océan est parfaitement nette et distincte aux yeux. »

A mesure qu'il s'éloigne des régions équatoriales, il diminue de vitesse et augmente de largeur. A sa sortie du Bahama, la largeur du Gulf Stream n'est que de 15 lieues ; elle est de 20 lieues sous le 28e degré, et de 40 à 50 lieues sous le parallèle de Charlestown, et ses eaux, comme un courant d'huile, restent séparées des eaux de l'Océan pendant 1300 lieues.

En avançant vers le nord, sa vitesse diminue encore et n'est plus que d'un mille par heure ; mais sa largeur augmente, sous le 41° de latitude, le courant atteint 100 lieues marines de large. A mesure qu'il s'éloigne de l'équateur, le Gulf Stream incline peu à peu vers l'est, et lorsqu'il atteint le grand banc de Terre-Neuve il tourne brusquement à l'est. Ce banc n'est pas, comme on l'a cru, la cause de ce changement, il n'en est au contraire qu'un des effets.

En même temps que le Gulf Stream écoule vers le nord avec une rapidité torrentielle une masse d'eau chaude considérable, un courant froid descend de la baie de Baffin et des mers polaires et s'élance vers le sud avec une égale rapidité, entraînant avec lui des glaçons énormes, de véritables montagnes de glace.

C'est sur le banc de Terre-Neuve que ces deux puissants courants se rencontrent. Au contact des eaux chaudes du Gulf Stream les glaçons se brisent, se fondent et déposent au dessus du banc les pierres, les graviers et la terre dont ils sont chargés. Depuis des siècles, cette action a dû être constante et produire le résultat que nous voyons aujourd'hui. Du côté du nord, le fond monte insensiblement, mais dès qu'on a dépassé le banc il augmente tout à coup de plusieurs centaines de mètres, ce qui montre bien que les alluvions du grand banc viennent du nord. Ces débris accumulés d'année en année exhaussent le sol qui, un jour, dépassera le niveau de l'Océan pour former une île.

Sous le choc de ce puissant courant du nord, le Gulf Stream fléchit et se divise ; son bras droit pousse directement à l'est, tandis que son bras gauche, subjugué par le courant polaire devient courant sous-marin, passe dessous, et reparaît sans doute au jour au pôle arctique où il forme cette mer libre découverte par les navigateurs modernes.

De son côté, le courant du nord se divise en deux branches, dont l'une passe entre le Gulf Stream et les côtes de l'Amérique du Nord qui lui doivent leur basse température, tandis que l'autre, en raison de sa densité, passe sous le courant d'eaux chaudes et devient courant sous-marin. C'est ce qui explique cet écart considérable de température qu'indique le thermomètre qui, plongé dans les eaux du Gulf Stream accuse 27°, tandis que, descendu à 200 brasses, il n'indique plus que 2°, c'est-à-dire la température du Spitzberg à la même profondeur.

Le courant du Mexique conserve cette température élevée au milieu des eaux qu'il traverse ; elle est de 30° au sortir du détroit de la Floride, c'est-à-dire de 9° de plus que l'Océan, sous la même latitude. Ses eaux perdent à peine un demi degré par centaine de lieues et, après un cours de 1,300 lieues, il conserve, même en hiver, la température de l'été.

Au delà de 41° de latitude, la branche orientale du Gulf Stream s'élargit de plus en plus, son courant affaibli couvre la mer comme d'un chaud manteau et va adoucir en Europe les rigueurs de l'hiver. Parfois le thermomètre descend à l'air au dessous de zéro, et plongé dans les eaux du Gulf Stream il remonte à 20°.

Affaibli et languissant, il atteint enfin les côtes de l'Europe. Là, il rencontre l'Irlande et l'Angleterre qui divise encore ses eaux. Une branche entoure les Iles Britanniques, et, après avoir caressé ses côtes, va se jeter dans les bassins polaires du Spitzberg, où elle porte souvent des bois américains. Une autre redescend au sud vers le golfe de Gascogne.

On comprend qu'une masse d'eau si énorme entraîne nécessairement avec elle beaucoup de chaleur. Chaque vent d'ouest qui souffle sur l'Europe, après s'être chargé des tièdes vapeurs de ce courant, vient mitiger l'âpreté des vents du nord pendant l'hiver.

C'est grâce à l'influence de ce courant sur le climat que l'Irlande a mérité le nom de l'Émeraude des mers, que les côtes d'Albion et de la Bretagne revêtent leur riche tunique de verdure, tandis qu'en face, par la même latitude, les côtes du Labrador restent emprisonnées dans une ceinture de glace. La rade de Saint-Jean à Terre-Neuve est souvent obstruée par les glaces au mois de mai, tandis que le port de Liverpool, situé à 2° plus au nord, n'a jamais été gelé, même au plus fort de l'hiver.

C'est grâce au Gulf Stream que l'Écosse est fertile et tempérée, bien que placée sous la même latitude que la Sibérie. Aux Orcades, situées sous le 60° degré de latitude, les étangs ne gèlent pas ; et c'est au grand calorifère maritime que ce pays doit la douceur de son climat, car des bois et des graines de l'Amérique portés par les flots du Gulf Stream viennent échouer sur ses côtes.

La branche inférieure du courant, que nous avons vue se diriger vers le golfe de Gascogne, continue à descendre vers le sud, passe à l'orient des Açores, se dirige sur le détroit de Gibraltar et sur les Canaries, et rejoint le courant équatorial qui reporte ses eaux dans le golfe du Mexique.

Ainsi les eaux marines de cette partie du globe parcourent une espèce de cercle de près de 4,000 lieues de circonférence.

Au milieu de ce vaste circuit océanique est un espace de plusieurs milliers de lieues qu'on appelle *mer des Sargasses*; elle est couverte d'algues (fucus natans), que les marins appellent raisins du tropique, en masse si considérable, que les navires en sont souvent retardés dans leur marche.

Lorsque les compagnons de Christophe Colomb virent ces plantes marines, ils crurent qu'elles marquaient la limite de la navigation et en furent très-effrayés. Vues à petite distance, on dirait qu'elles sont assez compactes pour permettre de marcher dessus. C'est aux courants de la mer qu'est dû cet amoncellement d'algues, qui constituent la mer des Sargasses, et une expérience des plus ordinaires nous donnera l'explication de ce phénomène.

Si l'on jette quelques brins de paille dans un bassin rempli d'eau, et que l'on imprime à celle-ci un mouvement de rotation, tous les corps flottants se dirigent vers le centre où est le moindre mouvement. Ainsi, pour l'Océan Atlantique, et par rapport au Gulf Stream, la mer des Sargasses est le centre du mouvement giratoire. Christophe Colomb a découvert le premier cette mer d'algues, qui a persisté jusqu'à nos jours, et, d'après des observations certaines, ses limites n'ont pas changé depuis cette époque.

La mer des Sargasses n'est pas d'ailleurs un phénomène spécial à l'Atlantique; l'Océan Pacifique et quelques autres grandes mers ont aussi leur mer des Sargasses, produite par des courants analogues à ceux du Gulf Stream et des mers polaires.

De l'Océan Indien part un grand torrent bleu qui va dans le

détroit de Malacca, court à travers les eaux vertes du Pacifique, arrose les Philippines et les côtes de l'Asie en se dirigeant vers les îles Aléoutiennes et l'Amérique Russe. Les Japonais lui donnent le nom de *Kuro Siwo* ou Fleuve Noir, à cause du bleu sombre de ses eaux. Les naturels des îles Aléoutiennes ne se servent pour construire leurs canots et tous leurs ustensiles que des bois que le grand courant leur amène des côtes de la Chine et du Japon.

Comme pour le Gulf Stream, il existe le long de la Chine un contre-courant froid qui descend des pôles.

Un autre courant chaud part de l'Océan Indien pour se diriger vers les contrées froides de l'hémisphère sud, en passant entre l'Afrique et l'Australie ; et il est bordé de chaque côté par un courant froid venant des régions australes, avec leur cortége de glaces, pour rétablir l'équilibre dans les régions tropicales de l'Océan Indien.

C'est au moyen de ce grand et merveilleux système de courants et de contre-courants que se maintient l'équilibre des mers, et que se répartit sur les divers points du globe la chaleur nécessaire à la vie des êtres organisés qui l'habitent.

Mais quelle est la cause de ces courants ? Quelle force est capable de mettre en mouvement, avec une vitesse de deux lieues à l'heure, une masse d'eau mille fois plus considérable que celle du Mississipi ou de l'Amazone, ces fleuves géants ? un courant qui entraine dans un mouvement perpétuel le quart des eaux de l'Océan Atlantique ? — Sont-ce les vents ? — Mais ils n'auraient pas ici une force suffisante pour produire un tel effet ; ils n'auraient même aucune action sur les courants sous-marins.

Est-ce une pente naturelle qui entraine les eaux du Gulf Stream ? — Mais les sondages prouvent au contraire que la pente vient du nord et que les eaux sont obligées de remonter presque au début, un plan incliné d'au moins 25 centimètres par mille.

Voici l'explication qu'en donne le commandant Maury, le savant américain à qui l'on doit en quelque sorte la création d'une science nouvelle : la géographie physique de la mer.

« Supposons, dit-il, un globe ayant les dimensions de la

terre et couvert sur toute sa surface d'une couche d'eau de
200 pieds d'épaisseur, sans évaporation et dans un milieu
d'une température constante. Il n'y aurait sur un globe dans
ces conditions ni vents ni courants.

« Mais supposons maintenant que l'eau placée sous les tropiques
se change tout d'un coup en huile, sur une épaisseur de
100 pieds. L'équilibre sera détruit immédiatement, et un système de courants et de contre-courants se produira; l'huile se
dirigera en une seule nappe vers les pôles, tandis que les eaux
descendront en dessous vers l'Équateur. Si l'huile, arrivée dans
la zone polaire, se change en eau, et que l'eau, arrivée sous la
zone torride, devienne huile, elle remontera à la surface et le
mouvement continuera.

« Voici donc, sans l'intermédiaire des vents, un système uniforme et perpétuel de courants polaires et tropicaux. A cause
du mouvement de rotation diurne, les molécules d'huile étant
d'une densité inférieure se dirigeront vers les pôles en suivant
une spirale inclinée vers l'est, avec une rapidité toujours croissante jusqu'à leur arrivée au pôle. Changé en eau et perdant
sa vitesse, le courant redescendra vers les tropiques en suivant
une spirale tournée vers l'ouest.

« Or, c'est précisément ce qui arrive. L'eau du golfe du
Mexique, échauffée par le soleil, se dilate, devient beaucoup
plus légère et peut se comparer à de l'huile par rapport à l'eau
froide des régions polaires.

« Conformément à ces lois, les eaux des tropiques tendent à
s'échapper vers le nord, tandis que celles des pôles coulent vers
l'équateur.

« Les eaux du Gulf Stream ont une espèce de viscosité qui
les empêche de se mélanger avec des eaux différant de température ou de salure. Il est d'ailleurs parfaitement connu que
lorsqu'on met dans un même vase des liquides à deux températures différentes, ils se mélangent difficilement d'eux-mêmes
si on ne les agite pas. Une masse d'eau considérable en mouvement doit donc, par la même raison, se mélanger difficilement.

« Le volume d'eau qui s'écoule en une seconde dans les passes
de l'île Bemini est évalué à 46,720,000 mètres cubes. Ce vo-

lume d'eau, pris à la température du Gulf Stream, pèserait 7 millions de kilogrammes de moins qu'un égal volume d'eau pris à la température de l'Océan. »

D'après ces données, la force qui, par seconde, dans le voisinage de Bemini, déplace vers les pôles les eaux du golfe pour rétablir l'équilibre est égale à un poids de 7 millions de kilogrammes.

C'est donc la chaleur qui est le principal agent de la circulation maritime : mais non point cependant le seul ; et c'est ici que nous allons voir le rôle important que joue le sel dans l'eau de mer.

Le sel entre dans la proportion d'environ 3 pour 100 dans la composition de l'eau de mer et augmente par conséquent sa densité. L'énorme quantité d'eau enlevée journellement par l'évaporation aux mers équatoriales, et qui s'élève pour former les nuages, n'est que de l'eau douce ; en se vaporisant elle abandonne son sel, qui augmente par conséquent la salure des couches supérieures, et celles-ci, devenues plus lourdes, descendent pour faire place aux couches inférieures plus légères. Un double courant vertical se produit donc et il se forme en même temps dans les couches profondes, un mouvement des eaux plus denses des pôles vers l'Équateur.

Comme nous l'avons dit, la salure des mers est généralement la même partout, et sa composition ne change pas plus que celle de l'atmosphère. Il est vrai qu'on trouve des parties de l'Océan plus ou moins salées que l'eau des mers en général, mais cela tient à des circonstances locales faciles à expliquer.

Nous en trouvons un exemple dans la mer Rouge : celle-ci se trouvant au milieu d'un pays privé d'eau, l'évaporation y est considérable et ni pluie ni fleuves n'en compensent les pertes. L'évaporation enlevant constamment l'eau douce, et laissant le sel, il est clair qu'elle finirait par absorber tout le sel de l'Océan Indien qui y porte ses eaux et se transformerait en un marais salant, s'il ne se formait par cela même un courant sous-marin qui reporte les eaux de la mer Rouge dans l'Océan Indien.

On voit également que l'eau des fleuves qui se jettent dans

la Méditerranée ne suffit pas à remplacer celle que lui enlève l'évaporation. C'est par une marche analogue que les eaux salées venues de l'Océan par le détroit de Gibraltar, y retournent par le même chemin, au moyen d'un contre-courant sous marin, dont l'existence a d'ailleurs été constatée expérimentalement à diverses reprises.

L'une de ces expériences fut faite par le lieutenant Lee, de la marine britannique, dans les conditions suivantes : il chargea une pièce de bois pour la faire couler à 200 ou 300 brasses, en la tenant par une ligne, à l'extrémité de laquelle il avait attaché un petit baril juste assez fort pour soutenir l'appareil, puis il laissa aller le tout par dessus bord.

« Il était vraiment étonnant, dit-il, de voir ce petit baril aller contre vent et marée, à raison de plus d'un nœud à l'heure, et emporté comme si un monstre marin s'en était emparé. C'était le contre courant inférieur qui l'entraînait. »

L'action du sel établit donc un courant inférieur allant de la mer Rouge dans l'Océan Indien, et un autre allant de la Méditerranée dans l'Atlantique. Et la proportion de sel restant la même, il faut bien que les deux courants, supérieur et inférieur, en apportent et en retirent la même quantité.

Le même phénomène se retrouve dans la Baltique, où un courant d'eau salée sous-marin entre, tandis qu'à la surface il sort un courant saumâtre.

La proportion de matière tenue en dissolution dans la mer ne change pas. Les eaux dans les régions où il ne pleut pas ne deviennent pas plus salées et là où les pluies sont continuelles, elles ne deviennent pas plus douces. Il faut donc qu'un système de courants et de contre-courants vienne établir le mélange comme dans un vase fermé, et l'on peut établir comme loi certaine, que tout courant a un contre-courant, et que tous les systèmes de la circulation maritime sont doubles. Et il ne saurait en être autrement ; car si les eaux de chaque mer étaient confinées dans leurs bassins respectifs, sans pouvoir changer de latitude, le mécanisme de l'Océan serait incomplet ; aussi incomplet qu'une montre sans balancier.

Les eaux, par la suite des temps, changeant de nature dans chaque partie du globe, les habitants en périraient, soit par le manque de sel, soit pour l'excès, soit par le changement de température.

Nous en avons un exemple dans la mer Morte : cette mer, ou plutôt ce lac salé, est au fond d'une vallée profonde entourée de montagnes nues et escarpées, sans aucune communication avec l'Océan. Son niveau est aujourd'hui de 390 mètres plus bas que celui du bassin des mers. Séparée sans doute du Golfe Arabique par quelque révolution terrestre, elle a dû, pendant des siècles, perdre par l'évaporation plus d'eau qu'elle n'en recevait ; de là l'augmentation de sa salure qui est de plus de 25 pour cent et qui ne permet à aucun être de vivre dans ses eaux. Actuellement, son niveau ne change plus, l'évaporation et la précipitation se compensant dans son bassin.

En exceptant les courants de marée et ceux créés partiellement par l'influence des vents, on peut donc établir comme règle générale, que la différence entre les densités des eaux à deux endroits, est la cause déterminante des courants ; différence causée ou par une inégalité de salure ou par une température différente. Les eaux les plus lourdes se dirigent vers les plus légères qui vont reprendre leur place. Ces deux liquides de densités différentes, ayant le même niveau, ne peuvent rester en équilibre. La cause qui détermine le changement de densité est indifférente ; que ce soit la chaleur ou toute autre cause, l'effet produit est un courant.

La mer contient diverses matières outre le sel commun, entre autres la chaux, qui lui est apportée par les rivières. Les coquilles des mollusques, les alvéoles des polypiers en sont formées. Ces êtres sont organisés de manière à s'assimiler les matières solides tenues en dissolution dans les eaux. Mais cette action, qui paraît destinée à leur propre usage, a une grande influence sur l'économie de l'univers. C'est encore là une des causes qui aident la circulation de l'Océan, règlent les climats et conservent la pureté des eaux.

Lorsqu'un mollusque ou un polype retire de l'eau les matériaux de sa coquille ou de sa cellule, il détruit par ce seul fait l'équilibre de l'Océan, parce que la pesanteur spécifique de cette partie de l'eau a été altérée. Plus légère, elle doit céder sa place à des eaux plus lourdes et se mélanger aux autres eaux, jusqu'à ce qu'elle ait retrouvé la même densité.

D'un autre côté, les courants sont les pourvoyeurs de ces animalcules; ils leur apportent les matériaux nécessaires à leurs constructions. Les courants vont puiser pour eux dans les mers les plus profondes et les plus éloignées. Il est en effet évident que si les courants ne venaient renouveler l'eau qui entoure ces petits êtres, ils périraient faute de nourriture et de matériaux longtemps avant la fin de leur tâche. Sans l'intervention des courants, le monument d'architecture distillé par les polypes, deviendrait impossible.

Quelle est la quantité de matières solides extraite chaque jour par les plantes et les animaux? A combien de millions de tonnes faut-il l'évaluer? c'est ce que personne ne peut dire. Mais quelle qu'en soit la quantité, c'est une force perturbatrice de plus, force dérivée de la salure des eaux et déterminée par des animaux incapables de se mouvoir et qui, cependant, peuvent mettre la mer en mouvement de l'équateur aux deux pôles.

Telle est en partie la cause de ce puissant et étrange courant équatorial qu'on rencontre dans l'Océan Pacifique. Il est causé non-seulement par l'évaporation, mais surtout par les différences de densités déterminées par les sécrétions des myriades d'animaux marins toujours en travail dans cette mer. Ainsi donc, ces êtres infimes que nous plaçons au bas de l'échelle de la création ont une part importante dans l'économie terrestre.

« De même que dans les instruments d'astronomie, tels que le chronomètre, dit le commandant Maury, on introduit une pièce destinée à corriger les irrégularités qu'entraîneraient les changements de température, et que muni de cette pièce qu'on nomme *compensateur*, un chronomètre bien réglé doit conserver sa marche dans tous les changements de température, de même, dans l'horloge de l'Océan et de l'univers, l'ordre et la régularité sont maintenus au moyen d'un système compensateur.

« C'est le rôle que jouent dans l'Océan les coquilles et les polypiers; ils forment un système de compensation parfait. Les effets de la chaleur, du froid, des pluies, des tempêtes qui troublent l'équilibre des mers et déterminent les courants sont compensés, réglés et contrôlés par eux. »

Les pluies et les rivières charrient continuellement dans la mer les sels qu'elles ont dissous. Tous s'y accumulent et n'en peuvent sortir. Et s'il n'était pas *compensé*, l'Océan deviendrait comme la Mer Morte, saturé de sels, et le plus grand nombre de ses habitants actuels n'y pourraient vivre.

Les coquilles marines et les polypiers fournissent la compensation nécessaire ; ce sont les conservateurs de l'Océan. Ils empilent les sels dans les profondeurs des mers pour en faire les assises de nouveaux continents qui sortiront des eaux pour y être de nouveau dissous et entraînés dans la mer par les rivières et les pluies.

Tout se lie, tout s'enchaîne dans cet admirable système des harmonies terrestres. Chaque goutte d'eau de la mer obéit aux lois qui régissent les astres dans la profondeur des cieux.

Les Attols ou Iles de Corail sont une des merveilles du monde. Ces îles presque à pic s'élèvent des profondeurs de l'Océan comme de hautes montagnes sous-marines. Le sommet arrondi en soucoupe comme le cratère d'un volcan, a parfois plusieurs lieues de diamètre ; ses bords, qui s'élèvent de quelques pieds au dessus du niveau de la mer, et contre lesquels viennent se briser sans cesse les vagues irritées, renferment un bassin rempli d'eau parfaitement tranquille. Un petit nombre de plantes, parmi lesquelles domine le cocotier, forme pour ainsi dire une couronne de verdure du côté intérieur du bassin.

L'eau en est peu profonde et claire et, sous la lumière verticale du soleil, elle paraît avoir une couleur du plus beau vert ; le fond se compose d'un sable blanc et pur. La surface unie du bassin est séparée des eaux sombres de l'Océan Pacifique par une ligne de brisants d'un blanc de neige, sur laquelle se dessinent avec la plus grande netteté les formes élégantes et la fraîche verdure des palmiers. Mettez au dessus de tout cela l'azur immense de la voûte céleste, et vous aurez le tableau le plus ravissant, la scène la plus splendide qui se puisse voir dans la nature.

De cette montagne de coraux, pas un fragment, pas un

atome, qui ne soit l'œuvre des architectes marins. Qu'est-ce que
la dimension des Pyramides et des plus gigantesques travaux
humains, à côté de ces montagnes de pierre accumulées pendant des milliers de siècles, peut-être, par le travail incessant
de créatures microscopiques.

Des millions de milliards de polypes vivant en famille tran-
sudent le suc calcaire qui, en s'épaississant, forme un en-

Fig. 23. — Un *atoll* dans l'archipel Pomotou.

semble de fourreaux adhérents au fond comme une plante. Les
générations successives élèvent ces rameaux les uns sur les
autres ; leur ensemble constitue de monstrueux buissons de
pierre qui atteignent la surface de l'eau. Entre les branches
s'établissent d'autres animaux, leurs dépouilles s'y accumulent,
l'ensemble devient compacte comme une roche (1).

(1) Pour plus de détails sur l'organisation et le travail des polypes,
voyez : *les Secrets de la Plage*, pages 187 et suivantes.

Des bancs de coraux plus grands, plus étendus que les Attols et recouverts de palmiers, environnent souvent, mais à grandes distances, une île montagneuse. C'est encore là une de ces vues magnifiques qui se déroulent souvent devant les yeux du voyageur émerveillé. Derrière lui une montagne boisée, à ses côtés la plus luxuriante végétation des tropiques, devant lui un miroir limpide comme le cristal, borné par une ligne de palmiers ; plus loin il aperçoit l'écume neigeuse des brisants et l'océan sans fin. C'est là le spectacle qui a surtout excité l'admiration de tous ceux qui ont visité Tahiti, la reine des îles, ou Vanikoro, si tristement célèbre par le naufrage de La Pérouse.

D'autres îles ont tout près de leur rivage une étroite ceinture de bancs de coraux, tandis que le long des côtes de l'Australie, par exemple, ceux-ci forment à cinq ou dix lieues du rivage, une barrière continue de plus de trois cents lieues de longueur.

Il en est encore qui présentent parallèlement au rivage, mais au dessus du plus haut niveau de la mer, des remparts hauts et larges formés de coraux morts.

Pour l'explication de ces formations curieuses de l'Océan Pacifique et de l'Océan Indien, il faut réunir en un seul ensemble toutes ces diverses modifications.

Les *Attols* ou îles de Corail sont les plus remarquables de ces formations. Les milliers d'îles disséminées sur l'immense étendue de l'Océan austral offrent toutes les mêmes phénomènes ; elles ont à peine quelques pieds d'élévation au dessus du niveau de l'Océan, qui dans ces endroits a une profondeur incalculable, et leur construction, qui renferme un bassin circulaire, est presque exclusivement l'ouvrage des polypes actuellement encore vivants, et se compose de débris arrachés par les brisants, le tout recouvert d'un sable blanc et brillant. Partout on ne rencontre que de la chaux carbonatée, sécrétée par ces animaux, réduite en petits fragments ou à l'état de sable.

Jamais les polypiers ne s'élèvent au dessus de la limite des plus basses eaux, car les polypes meurent dès qu'ils sont en contact avec l'air ou avec le soleil ; mais leur surface s'élève au moyen de nombreux fragments et débris que les vagues y accumulent, et qui comblent peu à peu le bassin.

Ces mêmes vagues doivent en même temps la peupler et la couvrir de végétation. En effet, elles amènent des semences, même des arbres vivants, transportent parfois avec ceux-ci un lézard, quelque insecte ; bientôt des oiseaux aquatiques de différentes espèces viennent l'animer et féconder par leurs digestions ce sol encore aride.

On croyait autrefois que les ouvrages des polypes s'élevaient du fond de la mer, mais, plus tard on constata que ces animaux ne pouvaient vivre au delà d'une certaine profondeur. Comment donc ces Attols s'élevaient-ils du fond des abîmes ? Le naturaliste anglais Charles Darwin a donné une théorie générale des constructions coralloïdes.

Les polypes ne construisent jamais dans de l'eau trouble, ni dans de l'eau stagnante ; mais, chose singulière, toujours au milieu de l'eau la plus agitée, ou au milieu des brisants. Darwin arrive à cette conclusion frappante, que le point essentiel dans tous ces phénomènes ne consiste pas dans les constructions des zoophytes, mais plutôt dans l'affaissement ou l'élévation du sol sur lequel les polypes élevèrent leurs constructions primitives.

Figurons-nous une île dans le domaine des polypiers coralloïdes ; ceux-ci s'y établiront tout à l'entour et commenceront leurs constructions à une distance telle que l'eau, troublée par le mouvement des vagues, ne puisse les déranger dans leur travail. Dès qu'ils auront de cette manière entouré l'île d'un banc de rochers qui atteint la hauteur la plus basse de l'eau, il ne leur sera plus possible de continuer si ce n'est dans une direction horizontale. Mais alors les vagues commenceront leur action destructive ; des morceaux de la muraille seront arrachés et rejetés sur le banc où ils seront brisés et réduits en sable par le choc répété des flots qui les rouleront les uns sur les autres, les interstices seront comblés et cimentés par les débris et cette action continuera de la sorte, jusqu'à ce que le banc soit parvenu à une élévation assez grande pour que les lames de la marée ne puissent plus la dépasser.

Si maintenant l'île, soulevée par des forces volcaniques, sort du sein des flots, les polypes meurent, et les parties centrales les plus élevées se trouveront entourées d'une ceinture de rochers coralloïdes à l'intérieur desquels commence seulement la couche unie de sable ou la plage.

Mais quand l'île, au lieu de s'élever s'abaisse, la terre se perd pour toujours dans l'Océan, mais non les récifs qui l'environnent, car à mesure qu'elle s'enfonce, les constructions recommencent et les flots qui les recouvrent continuellement de fragments et de sable, parviennent à les élever au dessus du niveau de l'Océan. Bientôt ces récifs madréporiques se trouvent à une grande distance de l'île devenue de plus en plus petite. A la fin, la pointe la plus élevée de l'île est elle-même descendue dans la mer, et il ne reste plus rien que la ceinture circulaire qui renferme dans son enceinte une eau parfaitement à l'abri des brisants et des vagues. S'il arrive alors un affaissement trop précipité pour que les polypes puissent les suivre, il en résulte un brisant circulaire sous marin, tel que celui que Cook a découvert et décrit le premier.

La formation de toutes ces îles peut être expliquée d'après la théorie de Darwin, en admettant, toutefois, que les polypes ne puissent vivre et construire au-delà d'une profondeur de 50 pieds, ce qui a été contesté, et en admettant que les îles puissent se soulever ou s'abaisser sans la coopération de volcans, ce qui est plus généralement reconnu.

Nous sommes habitués, à regarder la terre comme fixe et la mer comme mobile ; mais en réalité, il en est autrement. La mer se maintient constamment à sa hauteur moyenne, tandis que la terre seule change très-souvent de niveau. Darwin et Lyell ont démontré à l'aide d'observations qu'ils ont faites, qu'il y a, dans la mer du Sud, en Amérique et sur le continent européen, des régions fort vastes qui se soulèvent et s'abaissent alternativement.

La Nouvelle-Hollande est une de ces régions qui s'abaissent. Cette partie du monde si étrange, bien loin d'être jeune et nouvelle, comme on l'a cru, est au contraire très-ancienne, sa flore bizarre, sa faune singulière, n'offrant presque aucune affinité avec celle des autres pays, semblent appartenir à une des périodes de la formation de la terre passées depuis longtemps. C'est pour nous servir de l'heureuse expression de Schleiden, un viellard mourrant de décrépitude que les flots envahissent insensiblement.

Que des éruptions volcaniques puissent produire brusquement des îles et des montagnes sous-marines, c'est là un fait trop connu pour qu'il soit nécessaire de le démontrer par de nombreux exemples, il suffit de citer les phénomènes qui, dans ces dernières années, se sont passées sous nos yeux dans l'Archipel, à Santorin (1).

Les habitants des côtes de la Hollande et de l'Allemagne luttent comme les polypes de la mer du Sud contre l'envahissement des eaux, en construisant des digues nombreuses et solides. En 1842, la Frise fut en partie la proie de l'Océan ; en 1638 l'île Norstrand disparut engloutie, et vingt ans après l'île d'Orisant subit le même sort. Au contraire, sur les côtes de France, Olonne, qui était une île, est maintenant réunie à la terre ferme. La même chose se passe à Marennes et à Oléron; Aigues-Mortes, où s'embarqua Saint Louis pour la Terre-Sainte en 1248, est aujourd'hui située à plus d'une lieue de distance de la mer. Milet, Éphèse, Leucate, Adria, Ravenne, Damiette anciennement sur le bord de la mer, en sont aujourd'hui plus ou moins éloignés, tandis que l'antique Pilos, Syracuse, Gênes, Marseille sont aujourd'hui aussi fréquentés par les vaisseaux que du temps des Phéniciens et des Grecs. Donc c'est la surface de la terre qui s'élève ou s'abaisse constamment, tandis que le niveau de l'Océan reste toujours le même.

(1) Voir *le Monde avant le déluge.*

CHAPITRE IX

CIRCULATION DE L'ATMOSPHÈRE. — VENTS ET TEMPÊTES

Nous avons vu que l'air entoure notre globe d'une couche fluide, et le suit à travers l'espace, dans sa rotation autour du Soleil et dans sa révolution journalière de l'Occident vers l'Orient. Si cela n'avait pas lieu, ou si son mouvement était plus lent que celui de la Terre, un ouragan perpétuel régnerait à sa surface.

L'air est un fluide comme l'eau, il coule d'un espace vers un autre. Comme l'Océan, il a des courants constants qui ont reçu le nom de vents.

La chaleur possède la propriété de dilater les corps qu'elle pénètre; l'air, comme l'eau et les autres corps, et même plus qu'eux, se dilate par la chaleur et devient plus léger. C'est ce que prouvent les montgolfières remplies d'air échauffé au moyen d'une flamme quelconque.

Cet air chaud monte à travers l'air froid comme l'huile à travers l'eau pour surnager à sa surface.

Comme l'air échauffé est moins dense; c'est-à-dire, que pour un espace donné il y a moins de ce gaz lorsqu'il est échauffé que lorsqu'il est froid, il s'en suit qu'il occupera la partie la plus élevée, tandis que l'air froid descendra vers la partie inférieure. C'est en petit la cause des courants d'air; en grand, ces courants constituent des vents ou des ouragans selon les circonstances.

Rappelons aussi, que plus l'air est chaud, plus il peut contenir de vapeur d'eau, et que c'est dans cette propriété que réside la cause de la formation des nuages, de la pluie, de la neige et de plusieurs autres phénomènes.

La chaleur est donc la cause des courants de l'atmosphère comme de ceux de l'eau ; et ce mouvement général est entretenu d'une manière admirable dans la machine terrestre. Comme dans une machine à vapeur, chacun de ses organes fonctionne avec régularité et produit un travail spécial, mais tous ensemble coopèrent au même but, l'harmonie de l'univers.

Dans cette merveilleuse machine, la force motrice est donc la chaleur qui a sa source commune dans le Soleil. Et l'on peut dire avec raison, que de toutes les formules d'adoration du paganisme, la plus naturelle est celle du Parsi qui, chaque matin, attend l'apparition de l'astre du jour pour se prosterner devant ce principe vivifiant qui anime tout.

Les différents points de la Terre reçoivent une part très-différente des rayons bienfaisants ; leur action n'est intense, que sur les lieux où cet astre darde perpendiculairement ses rayons, c'est-à-dire entre les tropiques. A partir de cette zone, l'effet du Soleil diminue rapidement en s'avançant vers les pôles ; à ce point qu'à 70 degrés de latitude nord et sud il n'a déjà plus assez de force pour opérer le dégel du sol à quelques pieds de profondeur, et qu'à 80 degrés, la surface de la terre, même au milieu de l'été, reste couverte d'une glace réfractaire.

Lorsque le soleil donne d'aplomb sur les régions tropicales, l'atmosphère y devient tellement légère, qu'elle se trouve douée d'un mouvement ascendant continuel. L'air chaud, en remontant, forme un vide vers lequel se précipite avec violence l'air froid qui vient du nord et du sud, c'est-à-dire des pôles vers l'équateur. Pour l'hémisphère septentrional, il se produit un vent du nord ; au contraire, pour l'hémisphère méridional, c'est un vent du sud.

Une expérience bien simple fera comprendre ce phénomène. Si au milieu d'un grand vase plein d'eau chaude, on place un vase rempli d'eau froide, et que l'on prenne une chandelle ou un luminaire quelconque dont la mèche éteinte fume encore, en l'élevant au dessus du vase plein d'eau froide, on voit la fumée se diriger aussitôt au dessus du vase qui contient l'eau chaude. Cette expérience démontre bien que l'air froid, qui forme pour ainsi dire l'atmosphère du premier vase, se précipite vers l'air raréfié par la chaleur de l'eau du second vase : c'est ce qui se produit pour l'air froid des pôles qui se précipite vers l'air raréfié des tropiques.

Si le globe était immobile, ces vents polaires souffleraient, l'un du nord l'autre du sud, directement vers l'équateur ; mais il est facile de comprendre que, par suite de la rotation de la Terre, l'atmosphère est douée de vitesses différentes dans les lieux de latitudes différentes ; tandis qu'au pôle elle tourne sur elle-même, elle fait à l'équateur près de 200 lieues à l'heure ; de même qu'un clou placé sur la bande d'une roue, se meut plus rapidement que s'il était sur le moyeu. Donc l'air des pôles appelé à l'équateur par le vide produit par la chaleur, ne pourra participer tout d'un coup à la vitesse dont la terre est animée. Celle-ci glissera en quelque sorte sous lui, et ce retard se traduira par un courant qui inclinera de plus en plus à l'ouest, et il deviendra vent du nord-est ou du sud-est, suivant qu'il soufflera au nord ou au sud de l'équateur. Ces courants sont nommés *vents alizés* par les navigateurs, qui comptent aussi sûrement sur leur influence que sur le retour du soleil.

En effet, la chaleur du Soleil existant toujours, et le mouvement de la Terre étant régulier, les résultats devront toujours être les mêmes, et nous aurons ainsi les vents permanents et alizés du nord-est et du sud-est, qu'on nomme aussi vents généraux. Seulement, comme le Soleil ne suit pas dans sa marche la ligne équinoxiale, mais incline tantôt vers le tropique du Cancer, tantôt vers le tropique du Capricorne, les vents alizés éprouveront une certaine modification dans leur intensité et dans leur direction. Ils tendront à devenir plus forts ou plus faibles et ils s'inclineront plus au sud ou à l'est, plus au nord ou à l'ouest, suivant que le soleil se rapprochera ou s'éloignera de l'hémisphère sud ou de l'hémisphère nord.

L'action de ces vents ne pouvant se prolonger jusqu'à l'équateur, il en résulte sous cette ligne un calme perpétuel, troublé cependant par de violents orages et des pluies fréquentes, suite inévitable de l'accumulation des vapeurs dans l'atmosphère.

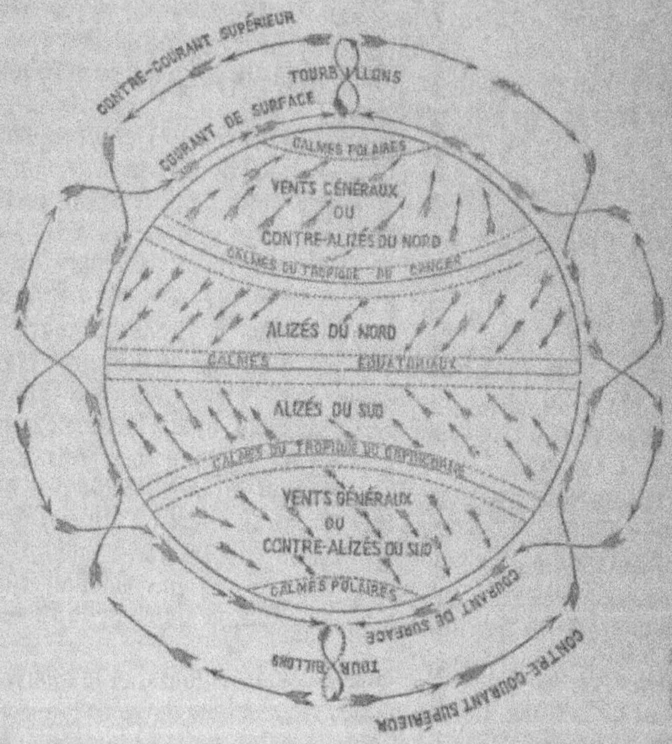

Fig. 24. — Diagramme des mouvements de l'atmosphère d'après le commandant Maury.

Voyons maintenant ce que deviendra l'air échauffé qui forme sous les tropiques le courant ascendant. Plus l'air s'élève, plus il doit se refroidir ; par conséquent, son mouvement doit se ralentir et finir par s'arrêter ; mais il ne peut redescendre, à cause du courant polaire froid qui forme au dessous de lui une couche presque compacte ; il glisse donc sur celle-ci en se dirigeant vers les pôles, et constitue de la sorte un contre-courant équatorial. C'est pour nous un vent du sud, pour l'hémisphère austral un vent du nord. Mais, de même que le courant polaire en avançant vers l'équateur se transforme peu à peu en vent d'est, de même aussi le courant de l'équateur déviera de sa route vers les pôles, mais en sens contraire. Il se dirige en effet vers des parallèles de plus en plus petits et, la vitesse de rotation diminuant, il s'incline de plus en plus vers l'est et se transforme en vent d'ouest.

Ces contre-courants atmosphériques sont aussi nécessaires à l'équilibre général que les contre-courants maritimes ; car, les courants polaires, se précipitant constamment vers l'équateur auraient bientôt épuisé l'atmosphère des régions froides en l'accumulant dans la zône torride, si l'air ne retournait pas par une autre voie vers les pôles d'où il est venu ; et les vents cesseraient de souffler. L'existence de ce phénomène, prévu d'abord par le raisonnement, a été prouvée depuis par l'observation : le pic de Ténériffe et d'autres points élevés du globe sont constamment exposés à un vent violent soufflant dans une direction opposée à celle des vents alizés.

L'air des pôles est plus dense plus froid, plus sec, et, par conséquent, lorsque souffle le vent du nord, du nord-est ou de l'est — car ces trois vents ne sont qu'un — le baromètre doit monter, le thermomètre baisser et le ciel s'éclaircir. Le contre-courant de l'équateur a des qualités opposées au premier ; il est plus léger, plus chaud, plus humide ; aussi les vents du sud, du sud-ouest ou de l'ouest font-ils généralement baisser le baromètre et monter le thermomètre. C'est à eux qu'est due la formation des nuages, de la pluie ou de la neige.

Il n'y a en réalité que deux vents dominants sur la terre : celui qui souffle des pôles vers l'équateur et celui qui revient de l'équateur pour se rendre au pôle. Le choc produit par leur rencontre, a pour résultat immédiat de donner naissance à des directions intermédiaires.

En règle générale, dans chaque hémisphère, tous les lieux situés à plus de 35 ou 40 degrés de l'équateur se trouvent dans la région des vents d'ouest, et les lieux qui sont à une distance moindre de la ligne sont dans la région des vents d'est c'est-à-dire alizés. De plus, dans toutes les contrées où les saisons sont tour à tour pluvieuses et sèches, la saison pluvieuse arrive quand ces contrées ont la mer au vent à elles, et la saison sèche, quand elles ont la mer sous le vent, c'est-à-dire quand le vent vient de la terre.

C'est ainsi que sur toute la côte occidentale de l'Europe se produisent des vents du sud-ouest, dont l'air chaud et humide, étant refroidi par le courant polaire, est forcé de céder une partie de son eau sous forme de nuages, de neige, ou de pluie. Peu à peu le courant équatorial prend le dessus, le temps s'éclaircit, s'échauffe, et se maintient de la sorte avec un vent du midi qui, insensiblement, tourne vers l'ouest. Il n'y a que le courant polaire qui à son tour puisse la relever ; leur mélange passant au nord-ouest produit d'abondants précipités atmosphériques. Ce sont ces jours froids et humides qui incommodent tant les personnes nerveuses.

Les choses continuent à marcher ainsi et toujours dans le même ordre, d'après la loi appelée par Dove, *loi du tournoiement des vents*. Telles sont les lois simples sur lesquelles sont basés la répartition du temps à la surface de la terre et ses changements.

Ces lois souffrent cependant de nombreuses perturbations, par suite de la proportion des terres et des eaux, des plaines et des montagnes, des déserts sablonneux, des forêts, etc. Plus on s'éloigne de l'équateur vers les pôles, plus l'irrégularité des vents et des pluies est grande.

Parmi les influences qui modifient la direction des vents, une des plus importantes est la distribution de terre et d'eau à la surface du globe terrestre.

La terre exposée aux rayons solaires se réchauffe plus vite et prend dans un temps donné une température plus élevée que l'eau, mais celle-ci, une fois échauffée se refroidit beaucoup plus lentement.

Les terres sont beaucoup plus étendues dans l'hémisphère boréal, au nord de l'équateur, surtout du côté du continent asiatique. Le vent alizé du nord-est y souffle en hiver, mais il est complétement refoulé en été par le vent du sud-est. Aussitôt que ce vent franchit l'équateur, il est obligé, à cause de la rotation de la terre, de tourner vers l'ouest, et c'est de cette manière que se forment les deux vents qui alternent si régulièrement de six mois en six mois du nord-ouest au sud-ouest et que les marins appellent les *moussons*.

Ces moussons ne sont donc en réalité que des vents alizés du nord-est et du sud-est détournés de leur direction. Cette déviation provient de la raréfaction de l'air au dessus des plaines arides échauffées par le Soleil et, par suite, de l'aspiration qui entraine l'air de la mer pour rétablir l'équilibre. Ce phénomène a lieu pendant l'été et l'automne, lorsque les rayons du Soleil ont leur plus grande puissance d'échauffement, c'est-à-dire, de mai en octobre dans notre hémisphère, et de novembre en avril dans l'hémisphère austral, puisque les saisons y sont renversées.

Ainsi, les moussons de l'Afrique dans l'Atlantique, les moussons du golfe du Mexique, ceux du Pacifique dans l'Amérique centrale, sont formés par les vents alizés, déviés de leurs cours pour rétablir l'équilibre dans les plaines brûlantes de l'Afrique, du Texas et du Mexique.

En général, les vents sont vents évaporants lorsqu'ils viennent d'une région froide à une région chaude ; ils deviennent vents de pluie dans le cas contraire.

L'alternative des brises de mer pendant le jour et de celles de terre la nuit, vient, sur les côtes, modérer la chaleur accablante qu'on rencontre dans certains pays. Lorsque l'ardeur du Soleil a élevé la température du sol au dessus de celle de l'eau, une partie de cette chaleur cédée à l'air le dilate, le fait élever, et nécessite par conséquent un appel d'air de la mer, qui arrive de plusieurs milles et répand une fraîcheur délicieuse.

Quand le soleil s'abaisse vers l'horizon, la terre commence à abandonner sa chaleur par le rayonnement, de sorte que, vers la nuit, la température de la terre devient inférieure à celle de la mer, le courant se renverse et on a alors un vent qu'on appelle brise de terre.

On peut considérer les brises de terre et de mer comme des moussons en miniature.

Un autre fait particulièrement important et intéressant pour nous autres, Européens : c'est que les courants équatoriaux et les vents alizés qui repassent au sud de l'Europe, à travers le Sahara échauffé par l'ardeur du soleil, sont refoulés si loin vers le nord, qu'ils parcourent la terre à une plus grande distance que cela n'a lieu en Amérique et en Asie. C'est la raison pour laquelle le *sirocco* en Italie et le *fœhn* en Suisse sont plus chauds que les vents analogues qui soufflent dans les autres parties du monde. L'Europe possède donc un climat plus doux que d'autres contrées situées sous les mêmes latitudes. A Raneufiord, en Norwège, par exemple, on cultive encore du seigle, tandis que les contrées sous les mêmes latitudes, en Amérique, sont constamment, même pendant l'été, couvertes de glace et de neige. A Drontheim, on récolte encore du froment ; à la baie d'Hudson aucun établissement de ce genre n'a pu réussir : Drontheim jouit à peu près de la même température que le Canada qui est situé plus au sud que Paris. A Upsal, les arbres fleurissent à la même époque qu'à New-York, situé sous la même latitude que Naples.

Cependant, l'Europe ne doit pas ces priviléges uniquement à ces vents du sud, et nous avons vu que les courants de la mer principalement le Gulf Stream, ont la plus grande part dans la distribution des climats sur la terre.

La chaleur, et sa répartition inégale dans toutes les directions, est le phénomène fondamental autour duquel se groupent tous les autres. L'humidité de l'air a une corrélation intime avec ce phénomène, et celle-ci, unie à la chaleur, sont la raison d'être de tout ce qui vit sur le globe.

Entre les deux systèmes de vents alizés règne une zone de calme ; elle a une largeur moyenne de 6 degrés. Cette zone, qui sépare toujours les deux vents alizés, peut être comparée à un immense réservoir atmosphérique s'étendant tout autour de la Terre, et dans le fond duquel deux courants perpétuels d'alizés viennent verser de l'air qui, dilaté par la chaleur, monte dans les régions supérieures et y forme des contre-courants chargés, comme nous l'avons vu, de ramener vers le nord et vers le sud l'air qui en a été amené par les vents alizés.

Sous les rayons brûlants du Soleil, les mers équatoriales émettent continuellement d'abondantes vapeurs qui sont entraînées par le courant ascendant de l'air. Ces vapeurs s'accu-

Fig. 25. — Le calme en mer.

mulent en épais nuages, dont l'amoncellement forme un anneau tout autour du globe, en suivant la ligne.

Pour un observateur placé sur une autre planète, cette ceinture de nuages équatoriale lui présenterait le même aspect que nous offre l'anneau de Saturne. Il les verrait entraînés dans un mouvement contraire à celui de la Terre, de l'est à l'ouest, bien qu'en réalité ces nuages suivent le mouvement du globe; mais comme ils vont moins vite, ils paraissent rétrograder.

Les marins, dans leur langage pittoresque, appellent cette région le *pot au noir*, et ils la redoutent fort; car, tantôt ils y sont immobilisés, au milieu d'une atmosphère suffocante, d'autres fois, au contraire, il s'y élève de terribles tempêtes.

« Ces parages, dit un navigateur anglais, sont bien les plus désagréables du globe. A mesure qu'un navire, dans l'Océan Atlantique, se rapproche de l'équateur, une certaine anxiété saisit l'équipage, car il sait qu'au premier moment le vent favorable qui les a poussés jusqu'ici faiblira de plus en plus, pour s'évanouir complétement. La mer s'étend autour d'eux, semblable à une glace sans fin, et le bâtiment, qui, dans sa course rapide, égalait le vol des oiseaux, est cloué pour ainsi dire sur le cristal limpide. Les rayons solaires tombent d'aplomb sur l'espace étroit où ces hommes sont renfermés. La chaleur du pont passant à travers les semelles, brûle les pieds des malheureux.

« Une vapeur étouffante remplit les entre-ponts. Depuis quinze jours déjà le rapide navire se trouve immobile à la même place. La provision d'eau potable s'épuise; une soif ardente tourmente les matelots et chacun regarde son compagnon d'infortune d'un œil de pitié et de désespoir.

« Tous les soirs le soleil descend dans la mer, le ciel se couvre d'une teinte cuivrée particulière à ces parages, et la nuit s'avance comme une muraille noire qui s'élèverait à l'Orient. Mais un léger murmure se fait entendre dans le lointain, puis un sifflement aigu, et une bande d'écume s'avance du même côté. Le navire se balance sur les ondes, et l'espérance renaît dans tous les cœurs.

« Tout-à-coup la tempête éclate avec un bruit épouvantable;

les voiles se déchirent en mille lambeaux qu'emporte le vent; un craquement terrible se fait entendre, le mât se plie et se tord, cède enfin, et tombe avec fracas par-dessus le bord. On s'empresse aussitôt de couper les derniers cordages qui le retiennent encore, et le navire est ballotté à l'aventure sur l'Océan soulevé.

« Les vagues se dressent autour de lui comme des montagnes gigantesques. Le tonnerre gronde continuellement; les éclairs sillonnent sans cesse l'atmosphère en révolte; la pluie tombe par torrents. A chaque instant l'équipage se croit perdu et semble n'avoir échappé à une mort affreuse que pour en subir une plus terrible encore.

« Enfin l'orage semble se lasser; les coups de tonnerre et de vent deviennent plus rares; les vagues s'aplanissent, et quand le soleil reparaît à l'horizon, il éclaire la même scène de désolation que la veille. La mer est de nouveau unie comme une glace, pas un souffle n'agite l'air. Huit jours succèdent aux autres; puis une nouvelle tempête suit ce nouveau calme et ainsi de suite, jusqu'à ce qu'enfin le navire soit chassé au delà de l'équateur dans la région bénie des vents alizés. Des centaines de navires ont vu périr misérablement leurs équipages par la soif et la faim; des centaines ont péri dans ces tempêtes formidables, et ceux qui ont franchi la désolante région des calmes remercient le ciel de leur avoir accordé une seconde vie.

« Les navires arrêtés sous les calmes et qui parviennent enfin à gagner les vents alizés, semblent passer dans un autre monde. Un ciel sombre et changeant, un temps alternativement froid et brûlant se trouve tout d'un coup remplacé par une température régulière et un beau temps constant. Les cieux sont purs et on n'y voit que ces petits nuages des vents alizés qui rendent si beaux les couchers du soleil. Une masse considérable d'animaux de toute espèce se jouent dans la lumière du soleil et font ressembler ces eaux bleues à un parterre de fleurs. Les vagues se couronnent d'une écume argentée à travers laquelle les poissons volants se glissent. Les dauphins aux brillantes couleurs, des bandes de thons, tout cela bannit la monotonie de la mer, exalte l'âme du marin et le rend sensible aux douces impressions; tout fixe son attention et a droit à son admiration. »

Malgré les dangers qu'elles font courir au marin, les noires vapeurs de la zone équatoriale sont bienfaisantes ; c'est un des principaux rouages du merveilleux mécanisme de la circulation terrestre, la source, en quelque sorte, de nos fleuves et de nos cours d'eau, le réservoir flottant d'où s'échappe l'eau qui anime nos continents.

Une partie de ces vapeurs, refroidie dans les régions supérieures de l'atmosphère, se condense et se résout en pluie ; c'est là la cause de la fréquence des orages que l'on observe dans ces régions de calmes. Mais toute l'humidité dont l'air s'est chargé dans son long passage sur les eaux ne se résout pas ici à beaucoup près. — Que devient le reste ? car dans l'admirable économie établie par la Providence, il n'est rien enlevé à la terre qui ne doive lui être rendu sous une autre forme et dans un autre moment.

La vapeur non condensée, en vertu de sa légèreté, détermine dans les couches élevées de l'atmosphère des courants dirigés vers les pôles. Ces courants la transportent vers nos contrées où elle se résout en pluie ou se condense en neige à la rencontre du sommet glacé des montagnes, pour retourner en ruisseau, en rivière, en fleuve dans le sein de l'Océan d'où était sortie leur onde transparente, et d'où elle s'élèvera de nouveau par l'évaporation.

La vitesse des vents varie d'une manière considérable : depuis le souffle à peine sensible qui parcourt un demi-mètre par seconde, jusqu'à l'ouragan qui renverse les édifices e les arbres et qui parcourt 36 lieues à l'heure, ou 45 mètres en une seconde. Le vent qui parcourt 2 mètres par seconde est un vent modéré, 10 mètres par seconde est un vent fort, 20 mètres un vent très-fort, 25 mètres une tempête, 35 mètres un ouragan.

Les violentes agitations de l'air qui constituent les tempêtes et les ouragans sont plus communes sous les tropiques que dans nos climats ; et cela se conçoit, puisque l'échauffement de l'air y est plus rapide et plus considérable, ainsi que l'évaporation. Dans les régions intertropicales, ces ouragans sont quelquefois épouvantables. Tel fut celui qui dévasta la Guadeloupe en 1825. Des maisons solidement bâties furent renversées, des pièces de canon déplacées, des grilles de fer tordues ; le vent avait imprimé aux tuiles une telle vitesse, que plusieurs pénétrèrent dans les maisons à travers des portes.

Le Gulf Stream est, pour nous servir de l'expression du commandant Maury, le père des vents de l'Océan Atlantique. Les plus furieux coups de vent se font sentir à sa surface, et les brumes de Terre-Neuve qui rendent si dangereuse, en hiver, la navigation dans ces parages, doivent leur naissance à cette nappe d'eau chaude que le Gulf Stream jette au milieu de cette mer froide, et qui marque 27 à 28 degrés de chaleur, même alors que l'air est à la glace fondante. On a calculé que la chaleur dégagée par le Gulf Stream en un jour serait capable, si elle arrivait subitement, de porter l'air ambiant à la température du fer en fusion.

La présence d'un élément de perturbation aussi grande pour l'atmosphère doit donc faire prévoir les plus violentes tempêtes sur son cours. En effet, tout ce que la rage des vents peut déployer de furie se fait sentir sur le Gulf Stream et ses environs.

En 1780, une tempête horrible fit refluer ce courant vers sa source, et souleva le niveau du golfe du Mexique de dix mètres! Le Gulf Stream présentait un spectacle sublime d'horreur. Le choc de l'eau contre l'eau en fureur produisait des effets qu'aucune description n'est capable de rendre. Dans sa course, elle renversait les arbres, rasait les maisons, brisait les navires. Les vagues envahirent des forts et des citadelles et en dispersèrent les canons. Sur les différentes îles, vingt mille personnes périrent et plus de cinquante navires furent jetés à la côte, aux Bermudes.

Les coups de vent qui s'élèvent sur les côtes d'Afrique, entre les parallèles de 10 et de 15 degrés, se dirigent tous vers le Gulf Stream. Lorsqu'ils l'ont rejoint, ils tournent avec lui et retraversent l'Atlantique pour se précipiter sur les côtes d'Europe. On a pu suivre leur trajet pendant huit ou dix jours, leur passage est marqué par des naufrages et des désastres. C'est le roi de la tempête.

Dans la Mer des Indes, vers le mois d'avril, les vents d'est tendent à détrôner la mousson ouest, et le combat de ces deux courants présente le plus singulier spectacle. Les nuages qui se croisent dans le ciel indiquent la lutte des vents qui se brisent l'un contre l'autre.

Fig. 28. — Un typhon en mer.

L'électricité renfermée dans ces masses de vapeurs, où elle restait silencieuse et invisible, commence à se révéler avec une effrayante majesté. Les orages se succèdent jour et nuit, le tonnerre gronde sans relâche, les nuages sont toujours en mouvement et l'air, chargé de vapeurs, court dans toutes les directions. Les combats que les nuages semblent se livrer paraissent les rendre plus altérés que jamais. Ils ont recours aux moyens les plus extraordinaires pour se rafraîchir. Lorsque le temps et les circonstances ne leur permettent pas d'emprunter à l'atmosphère environnante l'eau dont ils sont avides, ils descendent sous la forme d'une trombe à la surface de l'Océan et aspirent directement par leurs noires bouches les eaux de la mer. C'est ce que l'on nomme un *Typhon*.

Le vent empêche souvent la formation des typhons ; les trombes de vent frappent dans leur flanc comme une flèche, la mer semble faire de vains efforts pour les reformer. Une mer déchaînée couvre d'écume le passage où a lieu le conflit et mugit sous l'effort du typhon. Alors malheur au marin qui se trouve dans cette direction.

La hauteur de ces trombes est généralement de 100 à 150 mètres, et leur diamètre de 6 à 7 mètres ; mais quelquefois elles sont beaucoup plus hautes et plus larges ; on en a mesuré de 500 mètres de hauteur et de 10 mètres de large. Le nuage qui l'a formé affecte la figure d'un cône dont la base est attachée aux nuages. Une colonne d'eau s'élève dans ce cône renversé et retombe quelquefois en assez grande abondance pour submerger un navire. Les effets de ce météore sont si violents, que lorsque les marins ne peuvent s'en écarter, ils font tous leurs efforts pour le rompre à coups de canon.

L'électricité paraît jouer un rôle important dans le développement de ce phénomène ; on y observe quelquefois les sillons de la foudre et, au moment où la trombe se rompt, elle produit souvent une grêle abondante.

On peut produire en effet un typhon en miniature au moyen de l'électricité. Voici comment : On suspend au conducteur d'une machine électrique une chaîne ou un fil de fer terminé par une boule de métal ou une balle de bois recouverte d'étain ; sous cette balle on place un vase en métal un peu large, contenant de l'huile de térébenthine, — la distance doit être d'environ 2 centimètres. — Lorsqu'on fait tourner vivement la machine électrique, le liquide du bassin commence à s'agiter dans différentes directions et à former des tourbillons. Lorsque l'électricité s'est accumulée sur le conducteur, le liquide en mouvement s'élève et vient s'attacher à la balle. En déchargeant le conducteur de son électricité, le liquide reprend sa position et une partie de l'huile reste attachée à la balle. En remettant la machine en mouvement, la goutte d'huile attachée à la balle prend la forme d'un cône, la pointe en bas, tandis que le liquide inférieur prend la forme inverse jusqu'à leur réunion. Comme le liquide ne peut pas s'accumuler sur la balle, il se produit deux courants verticaux qui donnent à la colonne de liquide un rapide mouvement de rotation, lequel continue jusqu'au moment où le conducteur s'est déchargé.

On peut obtenir le même résultat avec l'eau, mais il faut alors rapprocher la balle et produire plus d'électricité.

CHAPITRE X

LES RÉGIONS POLAIRES

Quittons maintenant les contrées tropicales pour jeter un coup d'œil sur les régions polaires.

Privées pendant plusieurs mois de la lumière du Soleil ou n'en recevant que des rayons obliques aux autres époques de l'année, ces régions ne connaissent point cette chaleur bienfaisante qui vivifie tout sous les autres latitudes. L'absence de calorique y développe ces immenses champs de glace dont le navigateur s'approche et qu'il lui est impossible de parcourir.

Cette glace forme deux vastes coupoles, qui couronnent les deux extrémités de l'axe terrestre sur plusieurs milliers de lieu d'étendue. Leurs bords augmentent pendant l'hiver, se fondent ou se brisent pendant l'été, et leurs débris, souvent comparables pour l'étendue à des montagnes, flottent à la surface des mers hyperboréennes et sont portées vers les zônes tempérées par les courants polaires. Beaucoup parviennent jusqu'au 45ᵉ degré de latitude, où ils disparaissent sous l'influence des courants équatoriaux.

Les limites ordinaires des glaces polaires, quoique très-variables dans les détails, conservent en général la même étendue. De la pointe la plus méridionale du Groënland elles s'élèvent quelquefois jusqu'au 80ᵉ degré de latitude d'où elles s'abaissent sur la côte de la Nouvelle-Zemble ou de la Sibérie, après avoir formé une baie profonde au sud-ouest du Spitzberg, Elles s'étendent ensuite le long des côtes de l'Asie, ferment souvent le détroit de Behring et se prolongent le long des côtes de l'Amérique septentrionale jusqu'à la baie de Baffin dont elles remplissent une partie.

Les glaces polaires se présentent sous forme de champs, de bancs, de montagnes. On nomme champ de glace, une surface continue de glace dont on ne peut apercevoir les limites du som-

Fig. 27. — Formation des bancs de glace par suite de la chute des glaciers dans la mer.

met d'un navire. Il s'élève de 1 à 2 mètres au dessus de la surface de l'eau et s'enfonce d'environ 7 mètres au dessous. Il a quelquefois trois ou quatre cents lieues carrées, et forme en se brisant ces bancs de glaces flottantes entraînés par les courants et qui souvent se touchent tous par leurs bords. Entraînés par les courants, ces bancs tournent quelquefois sur eux-mêmes avec une vitesse de plusieurs lieues à l'heure. S'ils se rencontrent, lorsqu'ils possèdent des directions contraires, le choc est terrible ; le plus grand, le plus épais, brise le plus faible, et se fraie un passage au milieu des débris qui s'élèvent les uns au dessus des autres. Malheur au navire exposé au choc de ces énormes glaçons, un instant suffit pour le détruire et l'équipage, s'il parvient à s'échapper sur un banc de glace, y trouve la mort après avoir souffert tout ce que la faim et le froid ont de plus horrible.

Les montagnes de glace paraissent provenir pour la plupart des débris des glaciers de la côte, dont les fragments se détachent et glissent dans les baies, d'où ils sont emportés et prennent le large. Ces montagnes de glace sont bien moins volumineuses dans les mers du Groënland et du Spitzberg, où elles atteignent 30 à 40 mètres de hauteur, que dans la baie de Baffin où l'on en a rencontré qui avaient au moins 100 mètres d'élévation ; or si l'on compare la densité de la glace (910) à celle de l'eau de mer (1,026), on verra qu'une de ces îles de glace flottantes doit avoir environ sept ou huit fois autant de volume sous l'eau qu'elle en a au dessus, c'est-à-dire 8 ou 900 mètres d'épaisseur totale, et si l'on considère que ces blocs immenses ont quelquefois deux ou trois kilomètres de longueur, on restera stupéfait du volume énorme des glaces flottantes.

Les navigateurs s'aident parfois des montagnes de glace pour y chercher un abri contre les bourrasques et les glaçons ; mais cela n'est pas exempt de grands dangers. Quelquefois les montagnes de glace se fondant à leur base, l'équilibre vient à se rompre ; elles chavirent, et engloutissent le navire.

La glace tend toujours à se briser, même dans un temps calme, comme si une force répulsive agissait entre les différentes masses qui la composent ; le dégel aide ou produit cette séparation ; c'est ce qui rend périlleuse même l'opération d'y placer une ancre ; vers la fin de la saison. Elle est alors sujette à éclater comme une larme batavique, au premier coup de hâche des matelots qui la creusent. Il est facile de se figurer l'épouvantable détonation qui en résulte, les fragments s'animent de tous côtés, entraînent les bateaux et leurs équipages.

Souvent, ces blocs gigantesques de glace chassés par la tempête ou entraînés par les courants s'agglomèrent, s'attachent l'une à l'autre, et forment ce que l'on nomme une banquise. A

Fig. 28. — Une banquise dans les mers polaires.

une certaine distance, ces glaces apparaissent comme une
chaîne de montagnes; mais vus de près, ces blocs se dessinent
sous les formes les plus étranges, les plus variées. Les uns
projettent dans les airs leurs pics aigus comme des flèches
de cathédrales, d'autres sont arrondis comme une tour,
crénelés comme un rempart, celui-ci se creuse, se mine, s'é-
largit en voûte et ressemble à une arche de pont; celui-là se
dresse fièrement au milieu des autres comme un palais de roi.
Ce qui ajoute encore à l'effet produit par tant de points de
vue bizarres, c'est l'admirable couleur de ces glaces d'un bleu
limpide et velouté, auprès duquel pâlit l'azur du ciel. Mais,
pour ceux qui doivent la franchir, cette banquise a un aspect
effrayant, car chacune de ces masses recèle la mort.

La zône glaciale du sud présente des phénomènes analogues
à celle du nord : mais, la température y étant plus rigoureuse,
les glaces y sont plus abondantes, plus élevées et descendent
plus loin du pôle vers les régions tempérées.

Le capitaine Cook, dont le noble courage ne se laissait pas
facilement intimider, donne une idée des dangers qu'offre la
navigation dans les mers polaires. Le danger qu'on court à
reconnaître une côte dans ces mers encombrées de glaces est si
grand, que personne, je pense, ne se hasardera jamais à aller
plus loin que moi. Les brumes y sont trop épaisses, les tour-
mentes de neige trop fréquentes, le froid trop aigu, tous les
dangers de la navigation trop multipliés, la manœuvre trop
difficile. L'aspect des côtes, plus horrible qu'on ne peut l'i-
maginer, accroît encore ces difficultés.

D'incroyables efforts ont été faits pour traverser l'Océan
glacial du nord, dans le but de chercher un passage pour aller
aux Indes par un chemin plus court que celui suivi actuellement par les navigateurs. Depuis Elisabeth jusqu'à nos jours
cette entreprise a fait un grand nombre de victimes : Barentz y
meurt de froid, Willoughby de faim ; Cortereal s'y noie avec
tous ses compagnons ; Hudson disparaît ; Behring périt de fa-
tigue, de froid et de misères, dans une des îles désertes du
détroit qui porte son nom : Franklin est perdu dans les
glaces.

Ce passage existe cependant, plusieurs faits le constatent

mais il est toujours obstrué par les glaces, tantôt sur un point, tantôt sur un autre, et l'on paraît aujourd'hui convaincu que les tentatives pour le franchir resteront toujours infructueuses.

Les baleiniers ont l'habitude de marquer leurs harpons du nom du navire et de la date. Or, l'on a mentionné plusieurs fois la prise de baleines, dans le détroit de Béhring, portant des harpons appartenant à des navires qui croisaient de l'autre côté de l'Amérique, dans la baie de Baffin. Le peu de temps écoulé entre la date marquée et l'époque de leur prise confirme dans l'idée qu'il doit se trouver dans le nord-ouest un passage libre ; car le temps manquait pour que ces cétacés eussent pu passer par le cap Horn ou par le cap de Bonne-Espérance. Tous les baleiniers s'accordent d'ailleurs pour affirmer que jamais les baleines ne traversent la ligne ou n'approchent même de la zône torride, et, en effet, les baleines que l'on trouve sur les côtes du Groënland, dans la baie de Baffin, sont les mêmes qui habitent dans le nord de l'Océan Pacifique, et dans le détroit de Béhring ; tandis que la baleine franche de l'hémisphère austral diffère de celles de l'hémisphère boréal.

Il est donc certain que les baleines harponnées n'avaient pu passer par les caps Horn et de Bonne-Espérance. De plus leur organisation ne leur permet pas de rester longtemps sous les glaces ; il faut donc en conclure que dans la mer glaciale il se trouve, au moins pendant un certain temps, un passage libre de glaces. Ceci prouve seulement, il est vrai, qu'il y a un passage libre pour les baleines mais non pas une mer libre.

L'on sait aujourd'hui que ce n'est pas au pôle même que règne le plus grand froid ; mais bien vers le 9ᵉ degré de latitude. La température moyenne de ce pôle du froid paraît être de 15 à 17 degrés, et descend jusqu'à 50 degrés. Le froid diminue en s'avançant vers le pôle géographique ; et la température, dans ce dernier point, doit même être relativement assez élevée, puisqu'il y existerait une mer libre de glaces. Cette mer entrevue par le navigateur américain Kane, après avoir traversé en traîneau un champ de glace de 80 à 100 milles de longueur, s'étend à perte de vue vers le nord. La température de ses eaux était de 2° 2 au dessus de zéro. Des phoques et des oiseaux, en très-grand nombre, nageaient dans ces eaux dont

les vagues déferlaient sur les bords. La température de cette
mer libre serait due à l'un des contre-courants sous-marins
venant du sud, qui remonterait en cet endroit, sans doute à la
branche du Gulf Stream qui descend à la hauteur de Terre-
Neuve sous le courant polaire. Cette supposition est parfaitement fondée ; car, puisque l'on a constaté d'une façon positive
des courants de sortie à la surface, il est évident qu'il existe des
contre-courants d'entrée sous-marins.

CHAPITRE XI

Supposons une goutte d'eau s'élevant, sous les rayons du soleil, de la surface de l'Atlantique dans l'atmosphère, pour aller s'unir avec des milliards d'autres gouttes, à la couronne des nuages équatoriaux.

Si le vent est favorable, c'est-à-dire s'il souffle du sud-ouest, elle sera transportée en quelques heures, avec une partie de ces vapeurs, en pleine Europe. Si, sur son passage, elle rencontre la cime du Mont Blanc, par exemple, elle s'y arrêtera et, condensée par le froid, elle tombera sur les Alpes à l'état de paillette de neige d'une blancheur éblouissante. Avant de redevenir goutte d'eau liquide, elle passera par toutes les transitions possibles entre la neige et la glace compacte, et cheminera avec plus ou moins de lenteur du haut de la montagne jusqu'au pied du glacier. Arrivée là, l'Arve et le Rhône vont bon train et, en quelques jours, elle sera rendue à la mer. Mais décrire le glacier, c'est raconter son voyage.

Dans les vallées voisines du cercle polaire comme sur les montagnes les plus élevées des latitudes tempérées, les neiges, après avoir été amenées à une entière congélation, constituent ce que l'on appelle des glaciers.

Dans les contrées polaires, ces glaciers descendent graduellement des vallées pour arriver à l'Océan, où, sous forme de montagnes de glace, ils deviennent flottants. Dans les régions tempérées, l'origine du glacier se trouve à la limite des neiges perpétuelles, et son extrémité inférieure, son pied, descend parfois comme dans les Alpes, à 1,500 mètres au dessous de cette limite.

Pendant les saisons froides, il tombe sur les hautes montagnes une grande quantité de neige ; cette neige, chassée par les vents, s'accumule dans les dépressions qui forment l'origine des vallées, et dont plusieurs sont de véritables cirques à parois escarpées. Les neiges, ainsi accumulées, se tassent peu à peu, et, cédant à la pesanteur ou précipitées par les avalanches, descendent le long des pentes. En même temps qu'elle passe de proche en proche à l'état de glace, elle se renouvelle sans cesse dans les hautes régions par des chutes presque quotidiennes.

Quand la température est assez élevée, en été, par exemple, cette neige se ramollit à la surface et éprouve un commencement de fusion. L'eau qui en provient s'infiltre à l'état liquide dans les couches profondes et les convertit en une masse granuleuse composée de petits glaçons sans adhérence. C'est ce que l'on appelle le *névé*. Assez fin dans le voisinage des neiges éternelles, le névé devient de plus en plus grossier par l'augmentation du volume des glaçons dont il est formé. Ceux-ci finissent par se souder entre eux et donnent naissance à une glace d'abord bulleuse et remplie de petites cavités, puis compacte et présentant dans les crevasses cette belle coloration bleue que l'œil ne peut se lasser d'admirer. Tous ces effets sont dus aux alternances de fusion et de congélation qu'éprouvent chaque jour les glaciers : car, même aux époques les plus chaudes de l'année, le thermomètre descend toutes les nuits au dessous de zéro, dans les hautes montagnes. Il en résulte que les infiltrations du jour et les gelées de la nuit tendent à agglutiner de plus en plus les éléments des névés, pour les transformer en glace, et que l'eau qui pénètre à l'état liquide dans les pores de la glace bulleuse, finit par s'y congéler et en fait disparaître les cavités.

En même temps qu'ils s'alimentent par les neiges, à leur partie supérieure, les glaciers diminuent par la fusion qui a lieu principalement à leur surface et à leur extrémité inférieure, et cette fusion est d'autant plus active, que le glacier pénètre dans les régions basses, puisqu'il y rencontre une température plus élevée. Dans les Alpes la fusion superficielle enlève chaque année, en moyenne, une couche d'environ 3 mètres d'épaisseur.

Les glaciers ne sont pas immobiles comme le serait un fleuve congelé; ils marchent. Ils cheminent, il est vrai, fort lentement du côté des vallées; mais ils s'étendraient indéfiniment s'ils n'étaient arrêtés par la fusion de leur extrémité inférieure. Un été sec et chaud les fait reculer du côté des hauts sommets, un été froid et humide leur permet de s'avancer dans les régions basses. Quand il arrive une suite d'années pluvieuses, la marche du glacier peut devenir inquiétante pour les hameaux rapprochés. C'est ainsi que de 1846 à 1854, les glaciers du massif du Mont Blanc firent de tels progrès, que les habitants des Bossons, près de Chamounix, délibérèrent pour savoir s'ils n'abandonneraient pas leurs demeures sérieusement menacées. Heureusement, une série d'étés chauds et secs vint ramener les choses dans leur ancien état. En douze ans, le glacier des Bossons a reculé de 332 mètres. Pour qu'un glacier progresse, il suffit donc que son alimentation l'emporte sur ses pertes et réciproquement.

Des observations exactes montrent que la progression des glaciers s'accomplit d'une manière continue et sans saccades, et la cause en est dans la nature même de la glace. Celle-ci est, en effet, une matière en quelque sorte visqueuse, qui s'écoule lentement, sollicitée par son poids et obéissant à la pente, elle glisse entre les parois rocheuses qui l'encaissent, se moule en quelque sorte sur elles, surmonte ou contourne les obstacles.

Mais ces divers mouvements ne s'accomplissent pas sans amener des perturbations et des dislocations dans le corps du glacier. Non-seulement la glace en apparence la plus solide renferme une multitude de petites cavités et de fissures, mais le glacier lui-même est profondément morcelé par de grandes fentes, qui le traversent quelquefois dans toute son épaisseur. La glace se fend d'une manière irrégulière, d'où il résulte que, dans certains endroits, les glaciers portent à faux; alors ils se fendent souvent en faisant entendre une détonation épouvantable, et forment des crevasses dont l'œil ne saurait sonder la profondeur. La neige qui tombe en abondance, ou les tourbillons poussés par le vent comblent ces fentes, mais, le plus souvent, la surface de cette neige se durcit et forme un simple pont qui les dissimule aux regards. Quand ce pont n'a pas acquis la solidité suffisante, malheur au voyageur imprudent qui vient à y poser le pied. Chaque année le glacier dévore des victimes !

D'autres fois, c'est un grondement sourd comme celui du tonnerre, qui indique la démolition de quelque partie basse du glacier, ou la chute de quelque avalanche. Les innombrables tiraillements de la masse produisent des craquements presque continuels. Et, comme le dit M. Forbes, le glacier cède en gémissant à sa destinée.

A mesure que l'on s'élève sur le penchant des hautes montagnes, la végétation devient moins active et moins variée, et elle cesse à peu près complétement à la limite des glaces perpétuelles. Quelques animaux franchissent cette limite et font des excursions sur ces océans glacés, mais n'y établissent point leur demeure.

Il ne faudrait cependant pas considérer les champs de glace comme le domaine du silence et de la mort. Des îlots rocheux, connus sous le nom de jardins des chamois, percent les névés et se revêtent d'une charmante parure de mousses, de saxifrages, d'androsaces et d'autres plantes alpines. Le règne animal ne fait pas non plus défaut. Sur les Alpes, le *gypaète* barbu ou vautour des agneaux plane à des hauteurs prodigieuses, comme le condor sur les cimes des Andes. Le *lagopède ou perdrix* des neiges établit son nid dans le voisinage des neiges éternelles. L'ours, le chamois, le bouquetin, fréquentent ces régions désolées. Les insectes même y ont des représentants dans la puce des neiges, espèce de *podure* qui pénètre dans les fissures de la glace et y circule avec une grande vivacité. Mais de quoi peut vivre ce petit animal ?

Pendant l'été, la chaleur fait fondre la pellicule solide formée pendant la nuit, et bientôt circulent une multitude de petits filets d'eau qui s'écoulent en murmurant, se réunissent et s'anastomosent de mille manières pour constituer des ruisseaux qui se précipitent dans les crevasses, s'écoulent le long des flancs de la montagne, bondissant en cascades nombreuses et en chutes d'eau qui atteignent parfois plusieurs centaines de pieds de hauteur verticale.

Voilà donc notre goutte d'eau arrivée au pied du glacier, après avoir passé par les diverses transitions de la neige à la glace. Là elle se joint au torrent qui sort du glacier et qui l'entraîne rapidement dans son cours tumultueux.

Rien ne peut donner une idée de la beauté de sa source. Qu'on se figure une grotte de 100 pieds de diamètre et de 40 à 50 de hauteur, creusée dans la masse même du glacier, et présentant l'aspect d'un palais de cristal orné d'élégantes stalactites, dont les reflets azurés répandent leurs teintes sur les flots qui sortent de la grotte en bouillonnant avec fracas.

Ce torrent c'est l'Arve, qui, après mille chutes à travers la montagne, se jette dans le Rhône avec tant d'impétuosité qu'il fait refluer ses eaux dans le lac de Genève.

Mêlée aux eaux du Rhône, notre goutte d'eau quitte le territoire suisse pour entrer en France, franchit l'étroit passage du fort l'Écluse, où le fleuve se creuse un lit très-profond, mais tellement rétréci qu'il n'a plus en quelques endroits que 5 ou 6 mètres de largeur. L'entrée de cette gorge, hérissée de rochers affreux, a quelque chose de très-imposant. C'est près de là, un peu avant Seyssel, que se voit ce qu'on appelle la *perte du Rhône*. Les roches calcaires sur lesquelles coule le fleuve semblent tout à coup se dérober sous lui ; son lit prend la forme d'un entonnoir dans lequel ses eaux s'engouffrent avec fracas. Pendant un espace de soixante pas environ, le Rhône est entièrement caché. En quittant ce souterrain, il coule avec lenteur au milieu de son lit étroit et profond, dont les bords s'élèvent à une hauteur prodigieuse ; mais bientôt ses bords mêmes vont s'élargir et son cours va devenir digne d'un des plus beaux fleuves de l'Europe.

Avant d'arriver à Lyon il reçoit l'Ain, rivière presque aussi considérable que lui. Sous les murs de Lyon ses eaux se mêlent à celles de la Saône, puis il court au sud avec une grande rapidité et reçoit sur son passage les tributs de l'Isère, de la Drôme, de l'Ardèche et de la Durance. A partir d'Arles, il se divise en deux branches qui forment, comme le Nil, un grand delta, la Camargue, et se jette dans la Méditerranée par plusieurs bouches, après un cours de plus de 500 kilomètres.

Arrivée là, notre goutte d'eau que sa légèreté maintiendra pendant quelque temps près de la surface, bientôt empruntera la salure de ses nouvelles compagnes ; puis, sa densité augmentant par suite de l'évaporation des eaux superficielles, elle descendra dans les couches profondes, et sera entraînée avec elles par le contre-courant sous-marin qui sort par le détroit de Gibraltar et va mêler ses eaux à celles du grand courant équatorial. Celui-ci la transportera au Golfe du Mexique, d'où elle sortira, évaporée de nouveau, pour recommencer un nouveau et lointain voyage, où, confondue dans les eaux bleues du Gulf Stream, elle ira réchauffer les contrées du nord.

CHAPITRE XII

LA CIRCULATION DE L'EAU A LA SURFACE DE LA TERRE

Le soleil, qui brille si paisiblement sur la surface limpide des eaux, attire continuellement les vapeurs dans les hautes régions, d'où elles retombent sous forme de pluie ou de neige.

La goute d'eau qui tombe n'exerce pas la moindre force dans sa chute, mais, dès qu'elle coule sur le sol, elle transforme en force motrice une partie de la chaleur qui a servi à l'élever dans l'air. Elle se réunit en sources, en ruisseaux, en rivières, et en coulant vers le sein de sa mère, elle fait tourner des moulins, marcher des usines et des machines, elle transporte des bateaux, etc.

La force de la masse totale de l'eau courante de l'Europe est estimée à environ 300 millions de chevaux, d'après le calcul usité dans les machines à vapeur, ce qui est à peine le sixième de la force totale des courants du globe. Cette force paraît considérable, mais ne nous étonne pas, lorsque nous considérons le bruit intense que font les ruisseaux, les torrents, les fleuves, les cascades et des chutes telles que le Niagara. Cette force fait impression sur nos sens, mais il n'en est plus de même de la puissance qui agit en silence et sans bruit; l'homme est assez enclin à la considérer comme insignifiante, et c'est ici le cas. Cependant, toutes les forces réunies des eaux courantes de la terre, ne constituent pas la 500ᵉ partie de la puissance dynamique développée par le soleil pour aspirer l'eau de la surface des mers et la transporter dans d'autres lieux. La quantité de chaleur qui est employée pour transformer cette eau en vapeur est évaluée au tiers du total de la chaleur que le soleil envoie à la terre. Cette quantité, pendant une année seulement, suffirait pour fondre une croûte de glace qui envelopperait le globe sur une épaisseur de 10 mètres; tandis que tout le combustible consumé en France, pendant une année, ne suffirait pas pour fondre une couche de glace d'un centimètre d'épaisseur.

Cette chaleur convertie en force pour élever l'eau à l'état de vapeur dans l'atmosphère, n'est pas perdue; elle est emmagasinée à l'état de calorique latent dans les vésicules de la vapeur, qui l'abandonnera de nouveau lorsqu'elle retournera à l'état liquide. La capacité de l'eau pour la chaleur est considérable; elle surpasse 3,080 fois celle de l'air. Ainsi, la chaleur enfermée dans un mètre cube d'eau réduite en vapeur suffirait pour chauffer cent mètres cubes d'air à 30 degrés.

La quantité d'eau qui tombe annuellement des nuages sur le sol de la France, est en moyenne de 70 centimètres. Pour les 52,768,600 hectares de sa surface, cela représente, en nombre rond 360 milliards de mètres cubes. Donc, la quantité de calorique rendue libre par la pluie qui tombe en France, dans un an, surpasse celle que produirait une combustion de 10 milliards de tonnes de houille, c'est-à-dire plus que n'en ont encore produites toutes les mines du globe.

Ce dégagement de chaleur, si considérable que nous avons peine à le concevoir, a lieu cependant si doucement et dans de telles conditions qu'habituellement il reste inaperçu.

Les vapeurs invisibles et les nuages sont donc de puissants véhicules de chaleur. C'est ce qui explique pourquoi la température est comparativement si douce dans les pays soumis à l'action des vents humides. Tel est le cas pour les Iles Britanniques et toute l'Europe occidentale, qui conservent de verts pâturages jusque dans la saison rigoureuse, tandis que le Labrador, situé sous les mêmes latitudes que l'Angleterre, est couvert de neige et presque inhabitable pendant huit ou neuf mois de l'année. Dans les deux contrées, ce sont les vents d'ouest qui dominent; mais au Labrador ces vents sont continentaux et par conséquent secs, tandis qu'ils viennent de la mer et sont humides sur les îles Britanniques et la côte occidentale de l'Europe. C'est à la même cause que New-York doit ses hivers rigoureux, quoique placé sous la même latitude que Lisbonne, où fructifie l'oranger.

Les particules transparentes de vapeurs qui, même dans les jours les plus clairs, restent suspendues dans l'atmosphère, protégent encore la terre contre l'ardente chaleur du soleil et empêchent les plantes de se dessécher pendant le jour, ou d'être détruites par les fortes gelées pendant la nuit. Brisant et dispersant, pour ainsi dire, les rayons solaires, ces particules atténuent leur excessive intensité, ou, lorsqu'ils ont pénétré dans le sol, elles empêchent la trop rapide déperdition de la chaleur qu'il a acquise.

Le professeur Tindall a démontré que l'air sec, l'air chimiquement sec, n'a pas le pouvoir d'arrêter les rayons calorifiques du soleil qui nous parvient à travers l'atmosphère. Suivant lui, ces rayons passent aussi librement dans l'air sec que dans le milieu éthéré des espaces interstellaires. Si donc notre globe était enveloppé d'air tout à fait privé d'eau, il n'y aurait pas un seul rayon solaire absorbé dans son trajet à travers les couches atmosphériques, soit pour arriver à la surface du sol, soit pour s'en éloigner par le rayonnement. Dans de telles conditions, la chaleur du jour serait partout excessive et le froid de la nuit insupportable. Et c'est en effet, ce qui a lieu en partie au Sahara où l'air est relativement très-sec. Le sable y est de feu et le vent de flamme pendant le jour, tandis que les nuits y sont parfois assez froides pour congeler l'eau.

Mais revenons à la pluie. La quantité d'eau qui tombe des nuages varie suivant les localités et les saisons. Elle est d'environ 70 centimètres, avons-nous dit, pour la France, annuellement; ce qui représente 360 milliards de mètres cubes.

Toute cette eau n'est pas conduite à la mer par les rivières; d'habiles ingénieurs ont calculé que les fleuves ne débitaient

Fig. 79. — Rochers roulés par les eaux.

guère que le tiers du volume qu'ils devraient écouler, si tous les terrains qui inclinent vers leur lit leur fournissaient la totalité de ce qu'ils reçoivent des nuages. Que deviennent les deux autres tiers ?

A peine tombé, le liquide est soumis immédiatement à l'évaporation sur toutes les surfaces qui l'ont reçu : terrain, feuilles et brins d'herbe, qui le divisent à l'infini ; les vapeurs, prélevées sur la masse, s'en vont de suite dans d'autres contrées recommencer leurs voyages du ciel à la terre et de la terre au ciel. Ce qui n'est pas ainsi enlevé, ou glisse sur les pentes du sol, ou s'y enfonce.

Pour suivre la circulation de l'eau à la surface de la terre, examinons d'abord ce qui se passe sur les montagnes; car, non-seulement l'accumulation des vapeurs et, par suite, les pluies y sont plus abondantes; mais l'eau qui en provient s'écoule vers les parties basses, et tend à rejoindre celle qui surgit des contrées dont l'altitude est moins considérable.

Les montagnes et les collines sont comparables à des toits, sur la pente desquels l'eau s'écoule pour se rassembler dans de vastes gouttières, qui portent le liquide dans les parties basses du sol.

Une portion de l'eau qui tombe sur les montagnes s'infiltre dans les couches perméables, pour surgir plus bas sous forme de source, ou pour former des masses d'eau souterraines, dont nous aurons à nous occuper plus loin. L'autre s'écoule des flancs de la montagne, avec d'autant plus de vitesse que les pentes sont plus raides, entraînant dans sa course vers la vallée, les terres meubles, les débris de roc, et des rochers tout entiers qui se heurtent et se brisent dans leur course désordonnée. Elle creuse de profonds ravins, bondit en cascades nombreuses et bruyantes. Aussi voit-on généralement les montagnes sillonnées de ravines profondes, déchirées de précipices, et présentant, en général, des tableaux dont l'aspect sauvage et tourmenté contraste avec l'apparence douce et tranquille des pays de plaines.

Sur les hautes montagnes, dont les sommets glacés baignent dans les nuages, les vapeurs se congèlent à leur contact et cristallisent en neige. C'est ces neiges perpétuelles qu'est due la formation des glaciers dont nous avons donné une description. Réservoirs d'eau inépuisables, les glaciers des montagnes, sont la source des plus puissants cours d'eau de l'Europe et de l'Asie. Loin de tarir pendant l'été, c'est surtout dans la saison chaude, où les ruisseaux provenant des sources diminuent et se dessèchent, que les torrents des glaciers donnent le plus d'eau et compensent ainsi la pauvreté des autres. En effet, c'est lorsque l'été est chaud, lorsqu'il est d'une sécheresse désolante pour les ruisseaux de la plaine, qu'il fondra avec plus d'activité les dépôts de glace accumulés pendant l'hiver. Tandis qu'au printemps et à l'automne, et pendant une partie de l'hiver, lorsque l'abondance des pluies fait gonfler de tous côtés les cours d'eau des plaines, les glaciers, recevant alors moins de chaleur, alimentent avec moins d'abondance leurs affluents, et leur sécheresse fait compensation aux pluies de la plaine.

La forme des montagnes, leur élévation au dessus du sol environnant, la végétation qui les couvre le plus souvent, leur imperméabilité plus grande que celle des terrains des plaines, leurs pentes rapides, leurs couches inclinées, contribuent à faire bientôt reparaître au jour les eaux qui sont tombées sur les contrées élevées et par conséquent à y rendre les sources plus nombreuses que dans les régions basses.

Mais quittons les montagnes pour les plaines dont l'aspect est plus doux sinon aussi pittoresque. Tantôt la terre est couverte d'épaisses forêts ; tantôt ce sont de vastes prairies ou de riches cultures parsemées d'habitations et de villages. Ici, l'eau tombe directement du ciel sous forme de pluie, ou, par exception, à l'état de neige ou de grêle.

La pluie tombe à peu près en tous lieux ; mais arrivée à la surface de la terre, elle se trouve dans des circonstances très-diverses. Si elle rencontre des terres labourées, elle s'infiltre dans le sol.

L'eau qui tombera sur les forêts sera en partie retenue par les mousses, les herbes et les broussailles qui croissent au pied des arbres et par les feuilles qui les garnissent, une autre portion s'imbibera dans le sol et le surplus ira grossir les cours d'eau voisins.

Si, au contraire, la chute a lieu sur une surface rocheuse

Fig. 49. — Pont naturel creusé par les eaux dans l'Orégon en Amérique.

imperméable et inclinée, toute cette eau coulera à la surface et viendra enfler le torrent voisin.

Enfin, si elle tombe sur des terrains bas, argileux et sans écoulement, elle formera des amas d'eau nommés mares ou marais suivant leur étendue. Cette eau y croupit, les végétaux et les animalcules qui naissent et meurent dans ces mares s'y putréfient et donnent naissance à des miasmes, qui portent dans leur sein le germe des fièvres et altèrent la santé des habitants des contrées avoisinantes. Cette eau est extrêmement impure, quelquefois verdâtre, surtout à sa surface où croissent des plantes aquatiques dont les racines s'enfoncent dans l'eau. Le fond vaseux recèle beaucoup d'hydrogène plus ou moins impur, qui s'élève à la surface sous forme des bulles, surtout si l'on agite le fond. C'est un bienfait pour les pays que de détruire ces foyers d'infection ; on y parvient par des canaux ou saignées qui donnent de l'écoulement aux eaux stagnantes et saumâtres.

La majeure partie de l'eau qui tombe dans un pays de plaine s'infiltre donc dans le sol, et une faible partie seulement du liquide remonte par l'évaporation dans l'atmosphère ou se rend directement aux cours d'eau. Ce phénomène est très-important, car c'est à lui que le sol doit sa fécondité, et c'est à lui que l'on est redevable également de trouver de l'eau en tous lieux, en creusant des puits suffisamment profonds.

Si l'on examine la couche superficielle du sol, on voit que, sauf quelques localités où par suite de l'inclinaison du terrain le mouvement rapide de l'eau a mis la roche a nu, il existe partout une couche plus ou moins épaisse de terre végétale.

Cette couche de terre végétale, composée d'un mélange variable de sable, d'argile, de débris calcaires et d'humus, se pare chaque année, au printemps, d'une riche couche de verdure. Le sol que le soc de la charrue a déchiré, c'est-à-dire les terres labourées, livrent plus facilement passage à l'eau que le sol resté vierge. L'eau, dont une des propriétés les plus remarquables, est de s'unir à une foule de substances, en traversant cette couche superficielle, dissout les sels terreux qu'elle renferme et s'empare d'une partie de son humus, qu'elle transporte dans les points plus bas,

Cette eau de pluie, tombée pure des nues, se souille donc en traversant la couche arable ; elle se charge de matières calcaires, de substances animales et végétales plus ou moins en décomposition, ce qui lui communique une tendance à la putréfaction.

Au dessous du sol arable se trouve généralement une couche sableuse plus ou moins épaisse à travers laquelle l'eau continue à descendre lentement, d'autant plus lentement que ce sous-sol est plus compacte, et elle descend ainsi jusqu'à ce qu'elle rencontre une couche imperméable qui l'arrête. On ne peut s'empêcher de reconnaître ici l'admirable prévoyance du Créateur qui a disposé les choses de cette façon. L'eau qui traverse la couche arable la fertilise et répartit plus également les sels et l'humus qu'elle entraîne ; mais, dans son trajet, elle a perdu sa pureté et s'est chargée de matières qui lui ont donné une tendance à se corrompre. Heureusement, arrivée à la couche de sable, elle y trouve un filtre aux dimensions colossales qui arrête toutes ces impuretés et la rend claire et limpide. Elle y descend lentement jusqu'à ce qu'elle rencontre une couche imperméable qui l'arrête ; ces couches ne sont jamais parfaitement horizontales et l'eau glisse le long de la surface imperméable pour se rendre dans des parties plus basses. Tel est le cas le plus ordinaire.

Il arrive cependant parfois que le sous-sol est composé de craie, roche poreuse, fendillée et par conséquent perméable. C'est alors la craie qui sert de filtre ; seulement, l'eau dans ce cas est chargée de calcaire.

D'autres fois il arrive que ce sous-sol est argileux, c'est-à-dire imperméable ; dans ce dernier cas, le filtre venant à manquer, l'eau reste impure et saumâtre. C'est ce qui arrive souvent dans les prairies tourbeuses, où l'eau restant pour ainsi dire à fleur de terre n'a pas tardé à se corrompre. L'eau des prairies tourbeuses est naturellement détestable et ne vaut guère mieux que celle qui croupit dans les marais.

Nous voyons donc que, dans le plus grand nombre des cas, l'eau qui tombe des nuages, après avoir traversé la couche végétale et le sous-sol sablonneux ou crayeux, s'arrête sur la couche imperméable de roche ou d'argile et s'y accumule dans les parties les plus basses de manière à former un réservoir souterrain et en quelque sorte intarissable, puisqu'il est sans cesse alimenté par les pluies. Ces réservoirs se rencontrent pour ainsi dire en tous lieux, mais à des profondeurs différentes. Aussi est-il rare que l'on ne rencontre pas d'eau partout où l'on creuse un puits ; seulement il peut arriver qu'il faille descendre très-bas pour rencontrer la nappe d'eau.

Dans les pays où le sous-sol est sablonneux, l'eau de puits est claire et limpide ; mais là où le terrain est crayeux ou gypseux, les eaux sont dures ou crues, c'est-à-dire chargées de matières calcaires, et généralement impropres aux usages domestiques ; elles décomposent le savon qui se transforme en grumeaux sans s'y dissoudre, durcissent les légumes qu'on y fait cuire et encroutent les chaudières à vapeur.

Mais l'eau des couches inférieures, que l'on atteint au moyen des puits, se fait souvent jour d'elle-même à la surface du sol pour y constituer des sources. Dans les pays de plaines, les couches imperméables descendent souvent à de grandes profondeurs ; les eaux s'y infiltrent lentement, s'accumulent au dessus de la couche imperméable, et y forment de grands réservoirs souterrains. C'est ce que l'on voit surtout dans les terrains calcaires et crétacés. Lorsqu'une fissure aboutissant à l'une de ces cavités amène au dehors le trop plein du réservoir, il se produit une source abondante, proportionnée à l'étendue superficielle du réservoir, ou plutôt à celle du sol qui y envoie ses eaux. Les sources sont peu nombreuses dans de semblables terrains ; des vallées entières ou des espaces de plusieurs lieues carrées en sont dépourvus, mais celles qu'on y trouve sont souvent remarquables par leur volume.

Les sources sont en réalité de petits courants d'eau souterrains qui prennent leur origine dans les phénomènes atmosphériques, pénètrent dans la croûte superficielle du globe et, après un trajet quelquefois considérable, finissent par trouver une issue à la surface du sol.

Les sources de plusieurs rivières sortent subitement du sein de la terre, parfois sous un volume puissant. Telle est par exemple la source de Vaucluse, si célèbre par les chants de Pétrarque. À 12 kilomètres d'Avignon, un demi cercle de ro-

chers à pic, d'une élévation imposante, ferme tout à coup le val-
lon de Vaucluse. Au pied de ce mur de rochers s'ouvre et s'enfonce une vaste grotte dont l'œil ne peut sonder la profondeur. Sous cette voûte impénétrable s'étend un large bassin
d'une eau transparente et fraîche, alimenté par d'invisibles
sources. C'est la *Fontaine de Vaucluse*. L'eau s'épanche sans
bruit par des canaux souterrains dans un ravin inférieur, où

Fig. 31. — La fontaine de Vaucluse.

il devient la Sorgue, cours d'eau assez considérable pour
prendre le nom de rivière, et pour porter bateau non loin de
là, accru alors de plusieurs autres sources vives qu'on voit
sourdre sur ses deux rives. C'est seulement à une certaine
époque de l'année que la source, plus abondante, déborde de
son bassin de rochers, bouillonne à ciel ouvert et se précipite
en cascade dans le lit de la Sorgue.

Les sources les plus célèbres par la prodigieuse quantité de leurs eaux sortent des montagnes calcaires, qui recèlent souvent dans leurs flancs d'énormes grottes où viennent s'accumuler les eaux d'infiltration.

Parfois, les couches qui retiennent les eaux, ayant une forme concave, présentent de grands enfoncements dans lesquels les filtrations se rassemblent; elles y restent et produisent comme des réservoirs souterrains où plonge encore la partie du terrain perméable qui est au dessus. Le niveau de ces eaux stagnantes, s'élevant par l'effet des filtrations toujours affluentes, finit par trouver une issue qui conduit au jour le trop plein du réservoir. Il se produit souvent ainsi des sources bouillonnantes qui rejettent les sables et les pierres au moyen desquels on tente de les obstruer.

Le même effet se produit lorsqu'on atteint la nappe souterraine au moyen d'un trou de sonde ou d'un puits. Quelquefois, cette force d'ascension est assez grande pour qu'ils soient même susceptibles d'être élevés à des hauteurs encore plus grandes au moyen de tuyaux. Un tel phénomène constitue les fontaines jaillissantes ou *puits artésiens*. Ces puits, si utiles et aujourd'hui si multipliés, ont reçu le nom d'artésiens parce que c'est dans l'Artois qu'on a pour la première fois, en France, employé ce moyen d'avoir de l'eau. Le premier puits artésien fut foré à Lillers, dans le Pas-de-Calais, en 1126, et il a coulé depuis cette époque, sans interruption, à la même hauteur et avec la même abondance. Mais les Arabes et les Chinois connaissaient ce moyen depuis un temps immémorial.

Un puits artésien n'est autre chose que la branche verticale d'un siphon, dont l'autre branche peut être faiblement inclinée et avoir par conséquent son ouverture à une distance considérable. L'eau monte dans la branche artificielle, c'est-à-dire dans le trou de sonde, en raison de l'élévation de la branche naturelle. Si cette dernière est plus élevée que la surface sur laquelle on établit le puits artésien, l'eau jaillira par cet orifice au dessus de la surface du sol, de la même manière que les jets d'eau dont l'art embellit nos jardins.

On sait que les collines et les montagnes sont formées par des couches relevées et brisées, et que, par conséquent, ces couches se montrent à nu par leur tranche. C'est là qu'est leur prise d'eau, et elle a ainsi lieu sur des hauteurs. Après être descendues le long des flancs des collines, les couches s'étendent horizontalement ou presque horizontalement dans les plaines. Si les couches aquifères perméables se trouvent emprisonnées entre deux lits imperméables de glaise, de marne, etc., comme cela se voit souvent, nous aurons des nappes liquides souterraines qui se trouveront naturellement dans les conditions hydrostatiques dont les tuyaux de conduite ordinaires nous offrent des modèles artificiels. Dès lors, nous concevrons aussi, qu'un trou de sonde, pratiqué dans les vallées à travers les terrains supérieurs jusqu'à la plus élevée des deux couches imperméables, entre lesquelles se trouve enfermée la nappe liquide, deviendra la seconde branche d'un siphon renversé, et que l'eau s'élèvera dans le trou de sonde jusqu'à la hauteur que la nappe liquide correspondante conserve sur les flancs de la colline où elle a pris naissance ; en tenant compte toutefois des frottements et de la résistance de l'air.

Un grand nombre de lacs et de marais sont ainsi alimentés, et lorsque, dans les temps de sécheresse, l'évaporation a fait baisser leur niveau, on peut souvent distinguer les points de jaillissement, à un bouillonnement plus ou moins prononcé qui agite la surface des eaux.

Dans les terrains calcaires et crétacés, les matières solubles se laissent plus ou moins attaquer par l'eau, dont la pureté s'altère suivant qu'elle a rencontré plus de matières solubles et s'est trouvée plus longtemps en contact avec elles ; cependant, le plus généralement, l'eau de source est assez pure et très-propre à tous les usages domestiques.

Ici semble se présenter une difficulté : l'eau de source est généralement douce, avons-nous dit, et l'eau de puits, au contraire, est habituellement dure, c'est-à-dire séléniteuse, chargée de matières calcaires. Or toutes deux ont la même origine, c'est la même nappe d'eau souterraine qui les fournit. D'où peut donc venir cette différence ? Avant tout n'oublions pas que les sources sont des issues naturelles desquelles l'eau sort toute purifiée, tandis que les puits sont l'œuvre de l'homme.

Prenons pour exemple un terrain sablonneux mêlé de marne calcaire, ce qui est le cas le plus général.

L'eau qui s'infiltre dans un terrain ainsi composé suinte lentement et comme molécule à molécule. Dans ce contact intime et longtemps prolongé, l'eau dissout quelques particules de calcaire et les emporte avec elle dans la couche aquifère, et elle en reste chargée jusqu'à ce qu'on la retire par l'orifice du puits. Cette eau sera donc séléniteuse ou dure.

Mais lorsque l'orifice d'écoulement est naturel, c'est-à-dire une source, les choses se passent autrement. Pour arriver au jour, l'eau dure de la couche aquifère s'est frayé mille petits canaux qu'elle parcourt depuis des siècles. Dans tout le chemin parcouru par l'eau le calcaire a été dissous et expulsé par l'orifice ; le sable est resté pur ou à très-peu près ; l'eau prendra toujours cette même route, par cela même que le sable débarrassé de calcaire est moins dense et plus facile à traverser ; il lui servira donc de filtre et l'eau arrivera pure à la surface. Voilà pourquoi l'eau de source, bien que provenant du même réservoir que l'eau de puits, est douce, tandis que cette dernière est dure. Il peut se faire, dans quelque cas, que l'eau d'un puits soit douce, par exemple lorsque, par hasard, il aboutit sur l'une des racines d'une source, ou qu'une épaisse couche de sable repose immédiatement sur la couche imperméable qui supporte l'eau.

Toutes les sources ne sont évidemment pas douées de la même pureté. Si les matières solubles traversées sont très-abondantes et peu consistantes, elles donneront lieu à des sources douées de propriétés particulières. Il y a des sources calcaires ou incrustantes, des sources minérales, des sources salées, etc., auxquelles nous consacrerons un chapitre particulier ainsi qu'aux eaux thermales. Mais ce sont là des exceptions, et l'on peut dire que, en général, l'eau de source est douce et très-propre à tous les usages domestiques.

Parfois les fontaines jaillissantes naturelles offrent un phénomène remarquable ; leur écoulement est sujet à des interruptions réglées et périodiques. Ces sources intermittentes ont de tout temps excité l'étonnement des peuples. On connaît des sources intermittentes dans toutes les parties du monde, et la

France en offre de nombreux exemples. La fontaine de Côme, dans le Milanais, décrite par Pline, s'élève et s'abaisse d'heure en heure, celle de Fontestorbes, dans l'Ariége, est une des plus célèbres. Elle jaillit au pied d'un rocher escarpé, presque au bord de la rivière de l'Ers. Son écoulement, assez abondant, dure environ une demi-heure, ensuite elle cesse pendant un même espace de temps pour recommencer à couler et à s'interrompre, tour à tour, pendant la même durée. Une autre source intermittente, non moins remarquable, est celle de Fousanche, dans le Gard. La source sort de terre à l'extrémité d'une pente très-raide et tenant à une assez longue chaîne de montagnes. Elle coule régulièrement deux fois dans l'espace de 24 heures, et elle cesse de couler aussi deux fois dans le même temps. Chaque écoulement dure environ 7 heures, et chaque interruption n'en dure que 5.

Ce phénomène, bien que très-remarquable, n'a cependant rien de merveilleux. Il s'explique tout naturellement par la théorie du siphon. Supposons un tube creux fléchi dans ses deux bouts dans un même sens, comme les deux branches d'un V renversé Λ, mais dont une des branches est plus courte. Si l'on plonge une de ses branches, la plus courte, dans un vase rempli d'eau, et que, en aspirant l'air à l'autre bout du siphon, on détermine l'écoulement du liquide de ce côté, c'est-à-dire par la branche la plus longue, l'écoulement se continuera jusqu'à ce que le niveau de l'eau dans l'intérieur du vase soit descendu, en s'abaissant, au-dessous de l'orifice de la plus courte branche, et si cet orifice touche au fond du vase, l'écoulement ne cessera qu'après épuisement complet du liquide qu'il contenait. Telle est l'explication des fontaines intermittentes.

Voici d'ailleurs, pour nous faire mieux comprendre, la coupe théorique d'une de ces sources.

Soit une cavité naturelle existant dans l'intérieur de la montagne, et servant de bassin à des eaux qui arrivent par infiltration à travers les parois de la grotte, ou par une ouverture quelconque D; soit, en second lieu, une issue A, située vers le bas du réservoir et communiquant au dehors par le canal ABC, fléchi en B et ayant l'une de ses branches B C plus longue que l'autre branche B A. Les eaux, arrivant dans la cavité sans discontinuité, s'élèveront insensiblement dans l'intérieur de cette cavité et à la fois dans le canal A B.

Tant que le liquide n'aura pas atteint le niveau B, aucun écoulement n'aura lieu; mais dès que ce niveau aura été de-

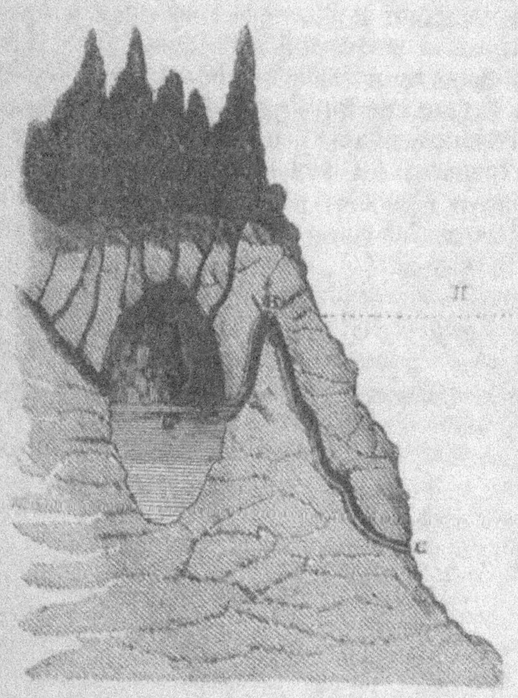

Fig. 32. — Théorie des fontaines intermittentes.

A Naissance du syphon. B Coude du syphon. C Sortie de l'eau. G Niveau ordinaire de l'eau.
H Niveau que l'eau doit atteindre pour se répandre au dehors.

passé, les eaux commenceront à se précipiter par la branche déclive B C, et elle jailliront avec impétuosité au dehors en C. Leur écoulement continuera dès lors jusqu'à épuisement complet du réservoir, c'est-à-dire jusqu'à ce que le niveau de l'eau se soit abaissé dans ce réservoir au niveau de l'orifice A.

L'intermittence commencera dès cet instant et elle durera pendant autant de temps que les eaux affluentes intérieures en mettront à remplir de nouveau le réservoir jusqu'en B. Dès cet instant, nouvel écoulement, puis interruption qui lui succédera, et ainsi de suite, par alternances d'autant plus régulières, que la durée de la période de remplissage sera elle-même plus constante et plus égale. Pour que le phénomène de l'intermittence se produise, il est nécessaire que l'afflux des eaux soit moins considérable que le débit de la source; car si le niveau de l'eau intérieure reste constamment supérieur au coude B, l'écoulement aura lieu sans interruption; c'est ce qui explique comment les fontaines intermittentes deviennent parfois sources régulières pendant un temps plus ou moins long, aux époques de pluies abondantes principalement.

CHAPITRE XIII

LES COURS D'EAU A LA SURFACE DU GLOBE

L'eau qui s'écoule d'une source donne naissance à un ruisseau; par leur réunion les ruisseaux forment les rivières dont les eaux vont grossir les fleuves, et ceux-ci vont porter le tribut de tous ces cours d'eau à la mer (1), le grand réservoir commun d'où ils sont partis sous forme de vapeurs.

Les cours d'eau sont, relativement au globe, ce qu'est le sang dans le corps humain; ils portent partout la vie qui se manifeste sous des milliers de formes différentes. Là où il n'y a pas d'eau à la surface du sol, un désert aride remplace les campagnes verdoyantes, comme en Afrique et en Asie; le sol s'y réduit en poussière et devient mortel aux plantes et aux animaux.

Les cours d'eau nombreux et bien réglés font la prospérité en même temps que la salubrité d'un pays. C'est sur leur cours qu'abondent les grands centres de population, les richesses commerciales, les établissements industriels. Ils ouvrent les routes naturelles les plus faciles et ne sont eux-mêmes, suivant

(1) Bien que l'on réserve généralement le nom de rivière à tout cours d'eau qui perd son nom en se jetant dans un autre cours d'eau, l'on applique également ce nom à tout courant qui tout en se jetant dans la mer n'a pas une importance suffisante pour prendre le nom de fleuve. Le fleuve doit être au moins navigable.

l'expression de Pascal, que des chemins qui marchent et qui portent où l'on veut aller.

Nous avons vu la goutte d'eau s'échapper de l'Océan sous forme de vapeur, s'abandonner au souffle de l'air pour venir se condenser en pluie ,ou en neige dans les régions élevées du globe. Nous l'avons vue tomber sur les Alpes et, après avoir subi diverses transformations, revêtir sa forme première pour se mêler au torrent. Suivons-la maintenant sortant des profondeurs de la terre, pour accomplir à la surface sa course vers l'Océan d'où elle est sortie.

Sous l'ombre d'arbres vigoureux, qui l'abritent contre l'ardeur du soleil, la source s'échappe du sol, du fond d'un petit bassin composé de sable fin qui semble bouillonner sous l'impulsion de l'eau. Celle-ci forme un filet de cristal, qui coule en murmurant sur des pierres polies, dont quelques-unes portent des touffes déliées de conferves d'un vert brillant. Au bas de la colline la pente est déjà moins rapide, le ruisseau s'élargit, et ses eaux, ralenties dans leur course, roulent sur du gravier en exprimant, par des rides à la surface, les inégalités du fond. Son courant fait tourner un moulin destiné à moudre le grain. Plus bas, d'autres ruisseaux tributaires viennent grossir ses ondes; ses bords s'écartent peu à peu, son volume s'accroît; le fond est composé de sable fin sur lequel l'eau glisse sans bruit, en agitant mollement les longues feuilles rubanées du Poa et les flèches aiguës des sagittaires qui croissent sur ses bords.

Plus bas encore, le ruisseau est devenu rivière, l'eau court à peine sur un fond de vase, quelques barques légères en sillonnent la surface, sur laquelle flottent les feuilles arrondies des Renoncules d'eau et des Potamotes. Enfin, après avoir reçu plusieurs affluents, la rivière se transforme en un fleuve majestueux qui se déroule à travers de nombreuses et riches contrées.

« Dans sa marche triomphale, dit Goëthe, il donne des noms aux pays qu'il arrose, des villes s'élèvent sur ses bords. Irrésistible, il se précipite et abandonne sur son passage les sommets dorés des tours et les palais de marbre. Nouvel Atlas, il porte sur ses épaules des maisons de cèdre, des milliers de pavillons, témoins de sa gloire, flottent à sa surface. Frémissant de joie et d'orgueil, il va porter ses frères, ses trésors dans les bras de l'Océan, dans les bras de celui qui lui a donné la vie. »

Comme on l'a vu, les matières qui forment le lit du ruisseau changent de nature suivant la pente. La cause en est dans la rapidité du courant qui les entraîne pour les déposer à des distances d'autant plus grandes qu'elles sont plus légères et susceptibles de rester plus longtemps en suspension dans les eaux. A l'origine du ruisseau, les eaux entraînent avec elles le sable et la vase, les cailloux seuls sont assez lourds pour résister au courant. Plus loin, la force des eaux diminue avec la pente; le gravier, puis le sable couvrent le fond, mais le limon ne se déposera pas avant que l'eau ne soit devenue plus calme. On peut donc juger généralement de la rapidité d'un cours d'eau par la nature de son fond. Un courant qui parcourt un mètre par seconde n'a pour lit que des cailloux; un demi-mètre de course laisse tomber le gravier; à un tiers de mètre les sables se déposent, enfin, une vitesse de 10 centimètres par seconde devient trop faible pour entraîner même la vase.

On donne le nom de bassin hydrographique à l'ensemble des pentes et des vallées qui versent dans le lit d'un fleuve les eaux des ruisseaux, des torrents, des rivières, des terrains supérieurs. On peut le comparer à un arbre, dont la tige allongée est formée par une vallée principale et dont les nombreuses ramifications le sont par des vallées latérales et secondaires. Les sources répandues sur les parties extrêmes et sur toute la surface de ce système de circulation ressemblent aux petites branches et aux feuilles des végétaux qui élaborent les fluides indispensables à l'existence de l'être, et qui portent des extrémités au centre par des canaux multipliés à l'infini le fluide nécessaire à son accroissement. C'est des plateaux ou des groupes de montagnes que descendent les eaux qui alimentent les bassins hydrographiques. Ainsi, c'est sur le plateau de Langres que la Meuse, la Moselle, la Marne, la Seine et la Saône prennent leur source ; ce sont les montagnes de l'Auvergne qui donnent naissance à la Loire, à la Charente, à l'Allier, à la Dordogne. Le Danube, le Rhin, le Rhône et le Pô

s'élancent de la chaîne des Alpes vers des points diamétrale-
ment opposés.

L'eau qui circule à la surface du globe n'a généralement
d'autre principe de mouvement que son propre poids et la
pente du terrain. C'est cette pente qui la porte de montagne en
montagne, de vallée en vallée, jusque dans le bassin de la mer.
Les fleuves, les rivières, les ruisseaux occupent donc les
parties les plus basses du terrain sur lequel ils coulent, c'est
ce que l'on appelle leur lit.

Les lits des fleuves sont dus aux mêmes révolutions qui ont
produit les montagnes. Les eaux se creusent une route à travers les terrains meubles, entraînant les pierres et les graviers
quand elles ont beaucoup de pente ; mais jamais un fleuve
n'aurait pu s'ouvrir une route à travers les rochers imperméables qui bordent certains d'entre eux, notamment le Haut-
Rhin, s'il n'en eût pas trouvé devant lui l'ébauche. Les cours
d'eau creusent plus profondément leur lit dans les montagnes
et l'exhaussent au contraire dans les plaines en y transportant
tout ce qu'ils ont arraché aux montagnes.

Les eaux courantes exercent une action constante et énergique sur le terrain dans lequel elles coulent ; elles changent
leurs rives. Là ses bords sont dégradés, rongés, entraînés par les
courants; un cultivateur perd tout à la fois et sa récolte et le terrain
fertile qui la produisait, tandis que dans la partie opposée
du fleuve, un autre plus heureux voit augmenter chaque
jour ses richesses et l'étendue de ses propriétés par des atterrissements successifs. Ici la pente augmente, plus bas
elle diminue ; enfin les eaux, entraînant dans leur cours les
débris des montagnes et des terrains supérieurs, exhaussent
constamment le fond sur lequel elles coulent et l'élèvent quelquefois au dessus des terres environnantes. Des digues puissantes contiennent le fleuve dans son lit primitif et préservent
momentanément de l'effet désastreux des inondations et des
débordements, mais, le plus souvent, les moyens employés
sont insuffisants. Quand viennent les crues d'hiver ou d'été, le
courant se gonfle, bouleverse sa couche, la creuse, entraîne des
masses d'un sable aride qui couvre et détruit les cultures.
Presque tous les ans, en France, la Loire et la Saône causen

des désastres considérables. Nous ne pouvons raconter ici tout ce qui a été fait ou proposé pour combattre ce fléau ; mais il est certain que l'homme n'a pas fait tout ce qu'il peut faire pour empêcher les désastres dus aux inondations, et lorsque l'on voit certains fleuves dont le lit est plus élevé que le toit des maisons, comme cela existe pour le Pô, à Ferrare, dont les habitants sont constamment menacés d'être ensevelis sous les eaux, on ne peut s'empêcher de reconnaître que l'homme a fait fausse route en aidant de tels faits à se produire et à persister.

Dans certaines contrées, les débordements des fleuves deviennent un bienfait ; telle est l'Égypte, pays privé de pluies et qui est infertile les années où son fleuve n'a pas débordé.

La pente des ruisseaux et des rivières varie beaucoup non-seulement dans leur étendue mais souvent sur des espaces très-courts ; elle est subordonnée à la constitution géologique du pays. Cette pente détermine les eaux à couler des parties élevées vers les parties basses ; quelquefois elle n'existe pas, et cependant le courant n'est pas ralenti d'une manière sensible, ce qui est dû à la pression que les eaux exercent, à l'impulsion donnée à la masse par les pentes supérieures.

L'on peut dire en principe, que l'inclinaison moyenne de la pente générale du bassin détermine la vitesse moyenne du courant.

Certains fleuves, et des plus considérables, ont en effet une pente presque insensible. L'Amazone, ce roi des fleuves, n'a que dix pieds de pente sur 200 lieues marines, ce qui fait trois millimètres par kilomètre ; la Seine, entre Valvin et Sèvres, n'a que 15 centimètres de pente par kilomètre. Le Rhin, entre Schaffhouse et Strasbourg n'a pas un centimètre de pente par kilomètre, et encore moins entre Strasbourg et Schenkenschantz.

Lorsque deux rivières réunissent leurs eaux, elles parcourent souvent un grand espace sans se confondre. La largeur et la profondeur du courant augmentent généralement et suivant le volume des eaux réunies ; quelquefois ses dimensions n'éprouvent aucun changement malgré l'augmentation de la masse, mais le courant devient plus rapide. En générale la vitesse est d'autant plus grande que la masse d'eau est plus considérable; cette règle offre peu d'exceptions.

Il arrive parfois qu'une rivière grossie par les pluies, la fonte des neiges ou un orage, tombe dans un autre cours d'eau avec assez de force pour en arrêter le courant, qui semble alors remonter vers sa source. C'est ainsi que l'Arve, lorsqu'elle est gonflée par les neiges ou par les pluies, se jette dans le Rhône avec une force telle qu'elle fait refluer les eaux plus tranquilles du fleuve jusque dans le lac de Genève et l'on a vu plusieurs fois les roues des moulins y tourner en arrière.

Dans les montagnes, les cours d'eau s'élancent parfois de rochers élevés sur des terrains plus bas et forment des chutes plus ou moins considérables ; on leur donne le nom de cascades, si c'est un ruisseau ou un torrent qui se précipite et celui de saut ou de cataracte, si un fleuve ou une rivière forment cette chute.

Rien de plus pittoresque et de plus gracieux qu'une cascade. Du haut d'un précipice les eaux s'élancent dans l'espace ; d'abord c'est un ruban argenté qui se déploie sur les flancs de la montagne; bientôt il diminue et finit par se réduire en vapeurs et en brouillards humides. Si le soleil les frappe de ses rayons, il les change en diamants étincelants, il les décore d'arcs-en-ciel mobiles et ondoyants et le zéphyr balance au gré de son caprice cette masse aussi légère qu'éclatante.

Plusieurs cascades en France sont renommées ; la plus belle est celle de Gavarnie.

Au milieu des Pyrénées, au pied des pics glacés du Mont-Perdu et des tours gigantesques du Marboré près desquels l'Arioste a placé le théâtre de ses chevaleresques fictions, s'ouvre le cirque de Gavarnie, vaste amphithéâtre formé de rocs perpendiculaires, qui s'élèvent à près de 500 mètres de hauteur. Le cirque lui-même a 3 kilomètres et demi de circonférence. De nombreuses cascades se précipitent des divers points de l'amphithéâtre. La plus belle est à gauche, elle tombe du haut d'une roche surplombante et se brise vers le milieu de sa chute sur une saillie du rocher pour retomber en mille jets au fond d'un entonnoir où sont entassés

Fig. 33. — Le Staubach.

les uns sur les autres des rochers énormes. Après s'être frayé un passage sous une épaisse voûte de glace qu'on appelle le pont de neige, ses eaux sortent en torrent pour former le gave de Pau qui, d'abord faible ruisseau, grossit bientôt, prend une couleur d'azur foncé et s'élance à travers les rochers, entraînant au loin les débris des bois et des monts.

D'autres cascades méritent d'être citées ; tantôt c'est une masse d'eau qui, avant d'arriver à terre, se disperse en une pluie fine, comme le Staubach, dans les Alpes, dont la chute a 300 mètres ; tantôt c'est une large nappe projetée en avant d'une muraille de rocher et sous laquelle on peut passer à pied sec, comme le Falling Spring de Virginie. La cascade de Luléa en Suède, tombe de 200 mètres de hauteur ; celle de Serio, en Italie, et de Grey en Écosse, ont plus de 150 mètres.

Rien de plus majestueux, rien de plus effrayant qu'un grand fleuve, lorsqu'il se précipite d'une hauteur un peu considérable ; le bruit, la vapeur, la rapidité de l'eau effraient l'imagination la plus courageuse, par un concours, une puissance de phénomènes dont rien ne peut donner l'idée. Le saut du Niagara en offre un magnifique et célèbre exemple.

Au centre de l'Amérique du Nord, cinq lacs immenses, reste de quelque mer des temps antérieurs à l'homme, épanchent de l'ouest à l'est la masse de leurs eaux, par quelques détroits longs et étroits, profondément resserrés, comme des écluses, entre des murailles de rochers. Le plus oriental de ces détroits, porte le nom de *Niagara* qui, dans la langue des Iroquois, veut dire l'eau qui tonne. Creusé entre le lac Érié et le lac Ontario, il est traversé vers le milieu de sa longueur par un barrage de roc perpendiculaire de 48 mètres de hauteur, d'où s'élancent toutes les eaux issues des quatre lacs supérieurs.

Depuis le lac Érié jusqu'à la chute, le fleuve arrive toujours en déclinant par une pente rapide, et, au moment de la chute, c'est moins un fleuve qu'une mer, dont les torrents se pressent à la bouche béante d'un gouffre. La cataracte se divise en deux branches et se courbe en fer à cheval. Entre les chutes s'avance une île creusée en dessous, qui semble pendre avec ses arbres sur l'abîme. La masse du fleuve se précipite en une vaste nappe de neige et brille au soleil de toutes les couleurs. Mille arcs-en-ciel se courbent et se croisent sur l'abîme. L'onde frappant le roc ébranlé rejaillit en tourbillons d'écume, qui s'élèvent au dessus des forêts comme les fumées d'un vaste embrasement. On entend à plusieurs milles de distance les sourds mugissements de la cataracte.

La cataracte se divise en deux sections dont l'une appartient aux États-Unis, l'autre au Canada. La première présente une ligne droite de 320 mètres de développement, tandis que la seconde, longue de 600 mètres, se contourne et se creuse en forme de fer à cheval. Par ces deux larges brèches ouvertes dans une digue rocheuse, taillée à pic, se précipite tout le trop plein du lac Érié, masse liquide, évaluée mathématiquement à 90 millions de mètres cubes par heure, ou, si l'on aime mieux, à 250,000 hectolitres par seconde. Devant un tel spectacle la première impression est la stupeur, l'homme, incapable d'analyser ce qu'il éprouve, a besoin d'un peu de temps pour observer les détails de ce vaste ensemble. « Le Niagara d'abord, puis la prororoca de l'Amazone, dit Émile Carrey, je ne sais rien de plus beau sous le soleil. »

L'île de la Chèvre (Goat-Island) se trouve au milieu des deux chutes, qui semblent à chaque instant devoir l'entraîner dans leurs impétueux tourbillons. Bien qu'elle résiste grâce à ses puissantes assises, il s'en détache quelquefois des quartiers de rochers qui roulent dans les insondables profondeurs du fleuve.

Une couronne de végétation apparaît seule au sommet de l'île et surmonte les nuages épais qui, du sein de l'abîme, s'élèvent parés des étincelantes couleurs de l'arc-en-ciel, tandis que du fond du gouffre bouillonnant monte, en roulement de tonnerre, la voix puissante de la cataracte. Au dessous des chutes mugit le fleuve sombre et profond entre deux hautes murailles rocheuses dont les interstices nourrissent toujours une puissante végétation.

Un long escalier taillé dans le roc est adossé à l'île de la Chèvre, et conduit au pied même de la cataracte, qui ferme comme un immense rideau de cristal devant les yeux du voyageur. Cette excursion n'est pas sans danger ; un éboulement,

Fig. 31. — Le Niagara. — Vue de la chute au coucher du soleil (côté ouest).

un faux pas ou même la chute d'une petite pierre peuvent la terminer de la façon la plus tragique.

Les géologues assurent que la chute recule d'une manière sensible et se rapproche du lac Érié. Ils ont constaté que la ligne de ces rochers se trouvait jadis près de Lewiston, en vue de l'Ontario. Peut-être, un jour, la digue qui sépare les deux lacs, diminuant toujours d'épaisseur, disparaîtra complétement et leur laissera confondre les niveaux aujourd'hui si différents de leurs eaux.

Les cataractes du Nil ont été longtemps célèbres, parce que les anciens en avaient exagéré l'importance. La plus considérable des six que forme ce fleuve est celle de l'île de Philœ, et cependant elle ne dépasse pas 2 mètres de hauteur. On cite aussi les cataractes du Gange, celles de Zambèse en Afrique, celles de l'Ardèche en France et celle du Rhin en Suisse.

Les cascades et les cataractes perdent chaque jour de leur élévation, par la dégradation des roches sur lesquelles l'eau coule, ou par l'exhaussement du sol sur lequel elle tombe. C'est probablement à cette diminution progressive que sont dus ces *rapides*, espèces de petites cataractes qui interrompent quelquefois la navigation de certaines rivières, surtout dans l'Amérique du Nord. Au lieu d'être formés, comme les cataractes, par une falaise coupée verticalement, les rapides sont dus à la grande inclinaison du terrain sur un espace plus ou moins long, ce qui donne à l'eau une si grande vitesse, qu'il est impossible aux bateaux de remonter le courant. Les rapides varient beaucoup dans leur pente. Lorsque leurs eaux se trouvent resserrées par le terrain élevé de leurs bords, elles acquièrent dans cette sorte de détroit une si grande vélocité, qu'elles sont susceptibles de porter pendant un long espace les corps les plus lourds sans qu'ils puissent s'enfoncer. Le phénomène s'observe principalement lorsque les fleuves traversent les grandes chaînes de montagnes, ou qu'ils descendent des plateaux élevés de l'intérieur des continents. Le fleuve Saint-Laurent, le Potomac, la Delaware en Amérique, l'Indus dans l'Inde, le Sénégal et le Zaïre en Afrique, en offrent des exemples nombreux.

Les rapides ne s'opposent pas toujours à la navigation; s'il

9

est impossible de les remonter, on peut quelquefois les descendre et les franchir. Le sauvage dans son canot d'écorce, le créole dans une chaloupe élégante et légère, s'élancent sans crainte sur cette espèce de gouffre qui semble prêt à les engloutir ; ils regardent avec indifférence les tourbillons et la vélocité du fleuve qui paraissent si terribles au voyageur étranger à cette navigation.

Quelques rivières, au contraire, n'ont pas d'écoulement : le terrain manquant de pente, elles perdent peu à peu leur force d'impulsion, des sables leur opposent souvent une lente et perfide résistance et leurs eaux s'y infiltrent ou sont vaporisées par les rayons du soleil, comme c'est le cas pour beaucoup de cours d'eau d'Afrique et d'Arabie, et pour le Rhin, dont la branche principale s'abîmait dans les sables de la Hollande, avant qu'on l'eût canalisé de Leyde à la mer. Plus souvent encore, ces rivières s'écoulent dans des étangs ou des marais. Quelquefois les eaux après s'être dispersées et infiltrées dans des terrains sablonneux, reparaissent plus loin : tel est en Espagne la Guadiana, qui disparaît au milieu des joncs et des roseaux pour reparaître à 20 kilomètres plus loin, et qui, devenue fleuve, arrose sur un parcours de 900 kilomètres l'Espagne et le Portugal.

Les fleuves qui se perdent sous terre ont de tout temps excité la curiosité. Les anciens ont cité un grand nombre de ces courants souterrains qui reparaissent à un niveau plus bas. Ce phénomène tient la plupart du temps à celui des excavations et des cavernes souterraines.

Une rivière rencontre dans son cours un banc de roches solides qui barrent son lit : sous ces roches s'étend une couche de substances plus molles, les eaux, en les rongeant, se fraient une route souterraine plus ou moins longue. C'est là, comme nous l'avons vu, la cause de la perte du Rhône entre Seyssel et l'Écluse. On en voit encore un bel exemple près de Vérone, dans le pont de Véja, dont l'arche naturelle a 40 mètres d'élévation et surtout dans le magnifique Rock-bridge de Virginie, voûte étonnante qui réunit deux montagnes séparées par un ravin de près de cent mètres de profondeur, au fond duquel coule le Cédar-Creeck.

Fig. — 35. Indiens descendant des rapides.

Dans le Luxembourg on connaît plusieurs cours d'eau qui s'engouffrent, parfois pour disparaître complétement, d'autres fois pour reparaître à une certaine distance. L'un d'entre eux, situé dans le bassin de la Marche, s'engouffre dans une cavité que l'on appelle dans le pays le *Trou du Diable* ; il n'a que peu d'eau à son entrée, mais lorsqu'il ressort de terre à quelques centaines de mètres plus loin, il s'est tellement gonflé dans son parcours souterrain, qu'il est devenu capable de faire mouvoir tout un établissement métallurgique. Il faut donc qu'il ait rencontré sous terre un autre cours d'eau bien plus puissant, car son volume est au moins dix fois plus considérable à la sortie qu'à l'entrée. En Belgique, la Lesse, rivière assez forte, disparaît soudainement dans un gouffre près de Han ; puis, à une distance d'un bon kilomètre, la rivière revient au jour en sortant d'une grotte magnifique à laquelle on ne parvient qu'en bateau. Cette grotte que l'on vient visiter de fort loin, offre des curiosités naturelles fort remarquables, entre autres de vastes salles ornées de stalactites et de stalagmites magnifiques.

Les fleuves en s'écoulant dans la mer offrent des phénomènes variés et intéressants. Quelques-uns tels que le Danube et le Rhône en Europe, l'Orénoque et l'Amazone en Amérique, s'élancent avec une telle force dans la mer, qu'ils s'avancent à une grande distance sans mêler leurs eaux à celles de l'Océan et l'on peut pendant un certain espace de temps, distinguer à leur couleur les eaux fluviales de celles de la mer.

Les eaux entraînent souvent les terres cultivées au milieu desquelles elles coulent. Parvenues au point où elles se réunissent à celles de l'Océan, elles abandonnent les particules terreuses qu'elles avaient entraînées. Les plus volumineuses et les plus lourdes de ces particules se précipitent les premières, elles forment des bancs immenses de sables mobiles ; les plus légères et les plus petites sont reportées dans l'intérieur du fleuve, et l'intervalle entre ces deux points est rempli par les particules d'une moyenne grosseur. Les limites de ces trois sortes de terrains varient et se confondent ensemble suivant la force des courants ou leur direction.

Telle est l'origine des bancs de sable et de vases qui se

forment souvent à l'embouchure des fleuves et encombrent les
ports situés dans leur voisinage. Parfois ces dépôts s'avancent
dans la mer, prolongent le cours du fleuve, le divisent en
plusieurs canaux et augmentent ainsi le domaine de la terre
aux dépens de celui des eaux. Ces dépôts forment à l'embouchure de certains fleuves des atterrissements considérables, des

Fig. 36. — Le Delta du Nil.

îles nouvelles douées de la plus grande fertilité. Le Delta
en Égypte, la Hollande, Venise et les terrains situés à l'embouchure du Pô, du Rhône, du Gange, du Mississipi en offrent
des exemples nombreux et remarquables.

Les bancs de sable plus ou moins mobiles qui se déposent à
l'embouchure des fleuves rendent souvent la navigation très-
dangereuse. Les navires ne peuvent les franchir que guidés

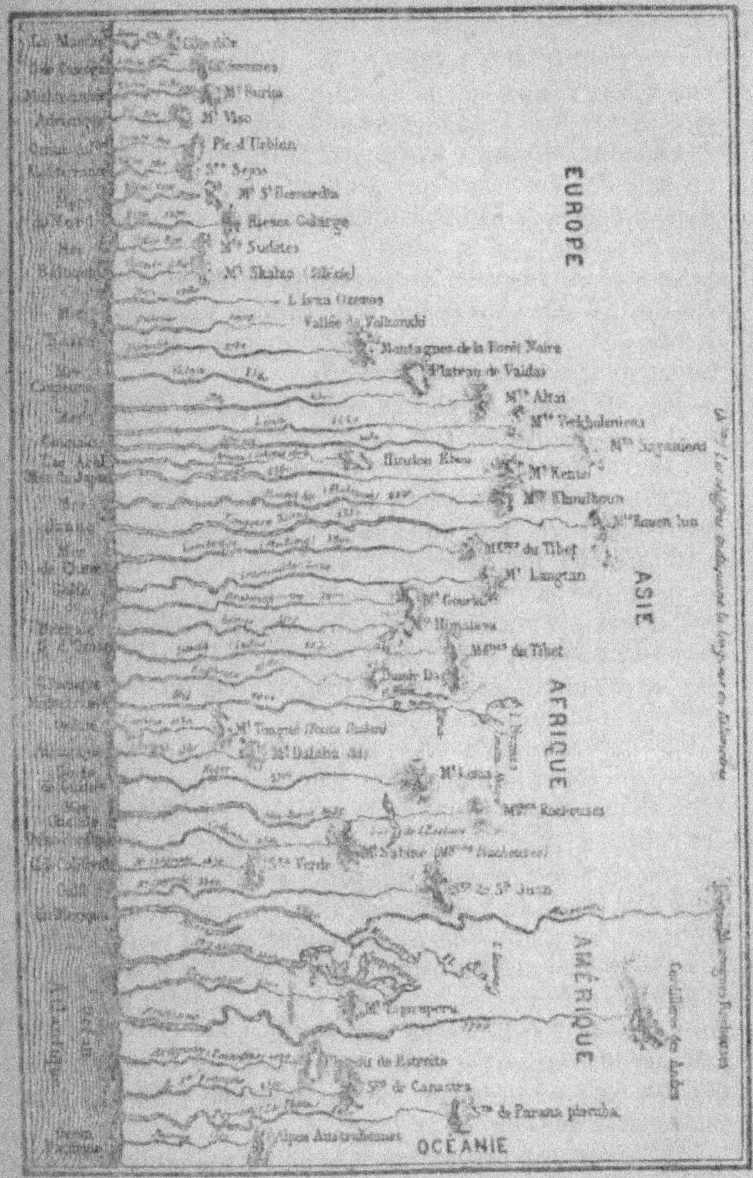

Fig. 57. — Longueur comparative des principaux fleuves du monde.

par un pilote habile. A l'époque des débordements, les eaux plus hautes augmentant de force et de vitesse, creusent une large brèche dans ces bancs de sable ou renversent en entier l'obstacle qui entravait leur cours. Lors des grandes marées, au contraire, l'influence supérieure de la mer refoule ces sables dans le fleuve, où ils forment des amas plus ou moins élevés, connus sous le nom de *barres*.

Nous avons vu que la lutte des eaux du fleuve contre celles de la marée montante donne lieu, surtout à l'époque des syzygies, à des phénomènes grandioses connus sous les noms de barres, de mascaret, et de prororoca.

Les plus grands, les plus puissants fleuves du monde sillonnent le continent américain. Le Mississipi, que les Indiens ont surnommé *Meschacébé*, — le père des eaux, — traverse dans tonte sa longueur l'Amérique du Nord. Il prend sa source dans les Hautes terres, près du Canada et des grands lacs, et descend au sud jusqu'au golfe du Mexique, où il se jette après un parcours de 5000 kilomètres. Sa largeur est déjà de 900 mètres à la moitié de son cours, de 2,500 mètres au confluent du Missouri, et de 1500 à la Nouvelle Orléans; la superficie de son bassin est évaluée à 180,000 lieues carrées, près de sept fois la surface de la France.

Plus puissant encore est le Maragnon ou fleuve des Amazones, qui prend sa source non loin du Pacifique et s'unit à l'Atlantique, en partageant en deux moitiés l'Amérique du Sud de l'ouest à l'est, sur une longueur de plus de 5,600 kilomètres. Ce fleuve colossal, qui porte à l'Océan le tribut des eaux d'un bassin de 7 millions de kilomètres carrés, est si large qu'en certains endroits on n'en distingue pas les deux bords : il est si profond que sur certains points on n'en trouve pas le fond à 80 et 100 mètres, et que les frégates peuvent le remonter à plus de 800 lieues de son embouchure. Celle-ci a 300 kilomètres de largeur et verse dans l'Océan un volume d'eau dix fois plus considérable que le Mississipi, 3,300 fois plus considérable que celui de la Seine.

L'Amazone n'est pas seulement le plus grand cours d'eau du monde entier, il est également celui qui arrose les contrées les plus riches et les plus fertiles du globe. Sur ses rives s'étend

Fig. 38. — Les bords de l'Amazone.

une interminable forêt, qui dresse, jusqu'au bord de l'eau, ses troncs pressés comme des épis. C'est là qu'on peut juger de la variété et de l'exubérance de la végétation tropicale. Ce sont vingt espèces différentes de Palmiers, le cacaoyer, le caféier, le cotonnier, l'oranger, l'arbre à pain, le manguier, le rocou, le cèdre, le bois de Brésil, le Vanillier, le Jacaranda, la salse pareille et mille autres espèces aussi utiles quoique moins connues.

Terrible par son courant de 8 kilomètres à l'heure, cette mer d'eau douce ne l'est pas moins par l'intensité de ses crues périodiques. Vers le mois de février, les neiges des Andes et les pluies tropicales gonflent ses eaux, dont le niveau s'élève de dix à douze mètres. Le rivage est inondé, les îles disparaissent. On voit passer au fil du courant d'immenses radeaux de troncs entrelacés, qui roulent et plongent lourdement sous le poids des eaux bourbeuses. Ces immenses processions d'arbres vont couler à la mer, préparant lentement par leur accumulation des bassins houillers qu'exploiteront sans doute les générations appelées à peupler le globe, lorsque quelque nouveau cataclysme aura changé la surface de la terre.

Que sont, auprès de l'Amazone ou même du Mississipi, le Volga, le Danube, le Dnieper. le Rhin, la Loire, le Tage, la Vistule, le Rhône, la Garonne, l'Èbre, le Pô, en Europe; le Nil, le Niger, le Sénégal, en Afrique ; l'Indus, le Gange, l'Obi, l'Hoang-Ho en Asie. Tous ces fleuves réunis versent à peine dans l'Océan une masse d'eau égale à celle de l'Amazone.

CHAPITRE XIV

Les lacs sont des masses d'eau non courantes, réunies dans des bassins épars au milieu des terres, et n'ayant aucune communication immédiate avec la mer. Les étangs ne diffèrent des lacs que par leur moindre étendue. — On distingue quatre sortes de lacs très-faciles à reconnaître : les lacs entièrement isolés ; ceux qui ne recevant pas d'eaux courantes ont cependant un écoulement, ceux qui en reçoivent et qui en émettent ; enfin ceux qui en reçoivent et qui n'offrent point de débouché apparent.

Les lacs de la première espèce ne reçoivent point d'eau courante, ils n'ont point de débouché et restent presque toujours au même niveau. On les observe principalement dans les pays volcaniques, soit anciens soit modernes, dans les contrées exposées aux tremblements de terre et aux affaissements. Ils sont très-multipliés au nord de la mer Caspienne et sur le haut plateau de la Tartarie. Ces lacs sont généralement très-petits et ne méritent que le nom d'étangs. Quelques-uns paraissent n'être que d'anciens cratères remplis d'eau ; tel est le lac d'Albano, près de Rome. C'est à cette classe qu'appartiennent les lacs dont les contours sont le plus réguliers.

Les lacs de la deuxième classe, comme ceux de la première,

Fig. 39 — Un coin du lac de Genève

ne reçoivent aucune eau courante, néanmoins ils sont toujours remplis et le trop plein s'écoule constamment par le point le plus bas de leur contour. Les lacs de ce genre sont formés par une ou plusieurs sources qui débouchent dans le fond du bassin ou par des canaux souterrains. Quelques grands fleuves et plusieurs rivières ont de semblables lacs pour source. Dans plusieurs parties du Piémont, les agriculteurs industrieux ont fait construire des lacs factices ayant les caractères de ceux de cette seconde classe. Pendant l'hiver, ils se remplissent des eaux pluviales, qu'ils répandent l'été dans les terres desséchées par l'ardeur du soleil. Le voyageur est étonné de rencontrer des prairies fraîches et humides, des ombrages délicieux, là où l'on ne voyait jadis qu'un sol aride et brûlé.

Les lacs qui forment la troisième classe sont les plus nombreux ; ils reçoivent les eaux des sources, des torrents, des ruisseaux et des rivières. Ils épanchent leur trop plein par un seul canal, qui prend ordinairement le nom du courant d'entrée le plus considérable. Le lac de Genève nous présente un exemple remarquable de ces sortes de bassins. Il peut encore servir à démontrer que les rivières, même les plus rapides, ne peuvent les traverser ; elles confondent leurs eaux avec celles du lac et déposent dans son sein le limon qu'elles charrient à l'époque des crues et des débordements. Ce limon forme à leur embouchure des barres, des atterrissements, ou des îles, semblables en petit à ce que présentent la plupart des fleuves. A leur sortie du lac, leurs eaux sont toujours claires et limpides. La grandeur des lacs de cette troisième classe varie beaucoup plus que dans les deux premières, il y en a de si étendus qu'on les considère comme des mers intérieures. Tels sont : la mer Noire, la mer de Marmara entre l'Europe et l'Asie, le lac Baïkal en Asie, le lac Tchad en Afrique. Tels sont encore les grands lacs de l'Amérique du Nord, Supérieur, Michigan, Erié, Ontario, Champlain, qui, par leur grandeur, ressemblent à des mers, et qui cependant, par l'écoulement continuel et par l'apport des nouvelles eaux fluviales, conservent leur limpidité et leur douceur.

Les lacs de la quatrième classe ne sont pas les moins singuliers ; ils reçoivent toutes sortes de courants, et cependant on ne voit aucun débouché pour l'écoulement de leurs eaux. On connaît plusieurs de ces lacs en Afrique et en Asie; mais le plus grand et le plus important de tous est la mer Caspienne, dont la superficie est évaluée à 16,800 lieues carrées. Sa profondeur moyenne est de 150 à 200 mètres, mais, en quelques endroits, elle a jusqu'à 900 mètres de profondeur. Un grand nombre de rivières alimentent ce lac immense; les principaux sont le Volga, le Torek, l'Aksaï, le Kour et l'Oural. Ses eaux sont très-amères par suite de la grande quantité de naphte qu'y déversent des sources situées vers son extrémité méridionale. Le niveau de la mer Caspienne est plus bas que celui de l'Océan de 41 mètres. Cette différence est due, soit à un affaissement du terrain, soit à la diminution progressive de ses eaux, par suite d'une évaporation dépassant la précipitation. Aujourd'hui ce niveau ne change plus, la quantité d'eau qui s'en évapore étant égale à celle qui s'y verse.

Il existe encore d'autres lacs qui paraissent ou disparaissent à des époques plus ou moins régulières; ce sont les lacs périodiques. Ils sont produits par les mêmes causes qui donnent naissance aux fontaines intermittentes. Tel est le lac de Czirnitz, dans la Carniole, au fond duquel il y a plusieurs cavités qui donnent une retraite aux eaux et font disparaître le lac en entier. Les eaux disparaissent complétement en vingt-cinq jours au bout desquels le fond est à sec et offre, au lieu d'une nappe d'eau, un terrain fertile très-propre à la culture. Aussitôt les habitants se mettent à le labourer et à l'ensemencer. Une végétation puissante couvre bientôt le sol; trois mois après on récolte du foin et du millet, là où, auparavant, on pêchait des poissons. Au bout de quatre mois, l'eau commence à s'élever en bouillonnant hors des cavités du fond, et, en vingt-quatre heures, le lac se remplit de nouveau.

Dans le Hartz, près du village de Breitungen, est un lac encore plus singulier. Il est encaissé au milieu de rochers calcaires aux formes bizarres, dont quelques-uns sont caverneux. Par le temps le plus sec et sans qu'on puisse en deviner la cause, l'eau jaillit tout à coup de ces cavités et déverse dans le bassin une telle masse de liquide que les champs et les prés en sont inondés. L'eau reste ainsi quelques semaines, plus rare-

ment plusieurs mois, puis elle s'engouffre, sans qu'aucun phénomène puisse faire présager sa retraite, dans les cavernes
creusées dans les roches. Ce qu'il y a de plus singulier, c'est

Fig. 40. — L'église gothique dans la grotte du Mammouth.

que les poissons s'y montrent en grand nombre et disparaissent
avec les eaux dans les fissures des rochers.

La plupart des lacs ont des eaux douces, et qui participent à
la température ambiante ; il en est pourtant un assez grand

nombre dont les eaux sont salées ou chargées de substances minérales, et quelques-uns dont la température est plus élevée que celle de l'air. Nous en parlerons en traitant des sources minérales, auxquelles, le plus souvent, ils doivent leur existence.

Les lacs et les étangs offrent souvent à la vue un charmant phénomène; celui des îles flottantes. Le lac Lomond, en Écosse, contient quelques-unes de ces îles flottantes; les lagunes de Comacchio, en Italie, en offrent un grand nombre. Les plus considérables sont celles du lac de Gordem, en Prusse, où pâturent de nombreux troupeaux. Le sol de ces lacs est formé d'un terrain de nature tourbeuse, mais très-léger, quelquefois seulement tissu de roseaux et de racines d'arbres; après avoir été minés par les eaux, ils se détachent des bords, et, à cause de leur grande étendue jointe à une épaisseur très-mince, ils restent suspendus et flottants à la surface des eaux.

Outre les lacs nombreux que l'on rencontre à la surface du globe, il existe beaucoup de lacs souterrains. Nous avons vu déjà des rivières se perdre sous terre pour reparaître plus loin; d'autres y engouffrer leurs eaux sans retour. C'est à l'existence des excavations et des cavernes souterraines que sont liés ces phénomènes et beaucoup d'autres qui seraient inexplicables autrement. La croûte solide du globe n'est pas compacte dans toutes ses parties; elle renferme un grand nombre de cavités et de voies souterraines où l'eau trouve accès et où elle s'accumule en quantité souvent considérable.

Quelques-unes de ces cavernes sont accessibles à l'homme, et fort remarquables. Telles sont les grottes de la Balme près de Grenoble, dont le fond est occupé par un lac et dont les parois au mois de septembre se tapissent de glaces qui fondent au mois de décembre. La caverne d'Esculape, près de Raguse, renferme un petit lac dont les eaux se gonflent en hiver au point d'inonder toute la caverne. Les grottes de la Carniole sont remplies d'étangs souterrains dans lesquels vit le Protée, singulier reptile voisin de nos Tritons, dont la peau décolorée et l'œil caché sous la peau, comme chez la taupe, indique la vie souterraine. La grotte de Miremont, entre Sarlat et Périgueux, a près de deux lieues de circuits. Dans les parties les plus

basses de ce labyrinthe souterrain coule un large ruisseau,
dont les eaux disparaissent dans des crevasses profondes. Mais
la plus vaste et la plus curieuse de toutes les cavernes que l'on

Fig. 41. — La mer Morte dans la grotte du Mammouth.

soit parvenu à explorer est la *grotte* du Mammouth dans le
Kentucky, aux États-Unis.

Non loin de la rivière Verte, au pied d'un coteau calcaire,
s'ouvre, à moitié voilée par des festons de verdure, une fissure

étroite ; c'est l'entrée de la grotte du Mammouth, la plus vaste qu'il ait été donné à l'homme d'explorer jusqu'à ce jour. En effet cette entrée modeste est loin de faire pressentir les merveilles qu'offrent les 35 à 40 kilomètres de routes souterraines déjà reconnues dans cet immense et sombre dédale.

Après avoir descendu 50 à 60 marches glissantes, on se trouve dans une galerie haute et large de vingt mètres et longue d'à peu près mille mètres. Elle aboutit à une grande salle, espèce de carrefour duquel rayonnent un grand nombre de corridors. Le plus large aboutit à une salle de près de cent mètres de pourtour dont la voûte s'élève comme une nef immense, sa forme, ses dimensions et les étranges stalactites qui la décorent lui ont valu le nom d'*Église gothique*. Les effets de lumière produits par les torches sur les stalactites est vraiment merveilleux et toute la bizarre fantaisie de la sculpture du moyen âge se reproduit aux yeux du voyageur fasciné. Autels, bénitiers, candélabres, chaire, tuyaux d'orgue, rien n'y manque.

En sortant de l'Eglise, une large avenue d'aspect également gothique mène à la *chambre des revenants*, ainsi nommée parce qu'on y a découvert des momies indiennes, cimetière d'une race éteinte dont les ossements seuls aujourd'hui rappellent le passage sur la terre. De ce point on descend plus profondément dans les entrailles de la terre au moyen de plusieurs échelles, et l'on arrive à l'entrée d'un couloir fort étroit, plusieurs fois contourné sur lui-même, et que, pour cette raison, on a nommé le labyrinthe. Bientôt la voûte s'abaisse tellement qu'il faut avancer en rampant sur les genoux et sur les mains. Au bout de ce défilé s'ouvre un large balcon accolé à une paroi à pic ; c'est la chaire du diable par l'ouverture de laquelle on n'aperçoit au dessous de soi qu'un abîme sans fond dans lequel se perd la lueur des torches, la voûte se perd également dans les ténèbres. Une corde de 300 mètres n'a pu toucher le fond de ce puits colossal. En revenant sur ses pas et prenant une autre galerie, après être monté, descendu, et avoir traversé une infinité de couloirs et de salles dont l'une, le *Dôme*, n'a pas moins de 130 mètres de hauteur, on arrive sur les bords de la *Mer Morte*, nom donné par les Américains à un étang souterrain de 15 à 20 mètres de largeur. Après en avoir contourné les

bords, une autre galerie mène à un large courant dont les eaux
barrent le passage. C'est le *styx* de ce nouveau Ténare, une
barque vous reçoit et après une demi-heure de navigation vous
dépose sur une plage de sable fin. Cette rivière éprouve des
crues; car on distingue sur ses bords les traces de différents
niveaux. Plus loin est une source sulfureuse.

Après une nouvelle suite de couloirs et de salles de formes
et de grandeurs diverses, on arrive à la *Grotte des fées*, où, de
toutes parts, les stalactites rangées en immenses colonnades
forment d'élégants arceaux d'un aspect vraiment féerique. De
tous côtés suinte l'eau, de tous côtés l'on entend tomber les
gouttelettes, dont la chute sonore retentit dans ces ténébreuses
retraites. Partout on voit le travail de l'eau. Ce trou qui perce
la roche, c'est la goutte d'eau qui tombe depuis des siècles qui
l'a creusé. Ces grottes fantastiques toutes brillantes de stalactites, véritables palais des fées, c'est encore la goutte d'eau qui
les a construites. Ouvrière patiente et silencieuse, comme le
polype du corail, elle a déposé doucement et constamment sa
molécule de pierre sur l'édifice à ériger.

La grotte des fées, située à une des extrémités de la caverne
se trouve à 16 kilomètres de son ouverture.

CHAPITRE XV

De tout ce qui précède, on peut conclure que les eaux parcourent l'intérieur de la terre aussi bien que sa surface et qu'elles y descendent parfois à des profondeurs considérables, pour y former des réservoirs ou des cours d'eau souterrains, qui, par suite de la courbure des couches imperméables, reparaissent souvent à la surface sous forme de sources ou de fontaines jaillissantes.

Les sources n'ont pas toutes la même température; outre celle qui résulte des saisons et du climat, quelques-unes d'entre elles possèdent un degré de chaleur beaucoup plus élevé que celui de l'atmosphère. La température des sources varie depuis celle de la glace fondante jusqu'à celle de l'eau bouillante et *même au delà*. Lorsque leur chaleur constante est sensiblement plus élevée que celle de l'atmosphère, elles prennent le nom d'*eaux chaudes* ou *thermales*.

Dans un autre ouvrage (1), nous avons accumulé les preuves de l'existence d'un feu central, résultant de l'incandescence primitive du globe; d'où il résulte que la chaleur augmente à mesure que l'on pénètre plus profondément dans l'écorce terrestre. En comparant les nombreuses expériences faites dans

____

(1) *Le Monde avant le déluge.*

les excavations naturelles du sol et dans les puits que l'on y a pratiqués pour l'extraction des minéraux, on a constaté que la température s'accroît de un degré par 30 mètres environ; de telle façon qu'à 600 mètres de profondeur on éprouve une chaleur de 20 degrés supérieure à celle que l'on a moyennement à la surface. Cette température moyenne, qui est constante à quelques mètres au dessous du sol, comme dans nos caves profondes, est de 11 à 12 degrés.

L'eau qui coule dans les couches profondes de la croûte terrestre leur emprunte la température qui leur est propre, et lorsqu'elle reparaît à la surface du sol elle y apporte à peu près la chaleur qu'elle y a puisée, et plus le réservoir d'où elles émanent sera profondément situé, plus ces eaux seront chaudes. C'est ce que nous montrent les puits artésiens que l'on creuse quelquefois à d'assez grandes profondeurs. Ainsi le puits de Grenelle dont le forage atteint 548 mètres fournit de l'eau à 28 degrés; le puits de la marine à Rochefort qui a 825 mètres donne l'eau à 42 degrés.

Cette cause de la chaleur des sources thermales est très-anciennement connue, et nous voyons que Saint-Patrice, évêque de Sertusa, près de Carthage, vers la fin du IIIe siècle, s'était déjà formé une idée fort juste de ce phénomène. Le proconsul Julius lui ayant demandé quelle pouvait être l'origine de ces eaux bouillantes qui jaillissaient du sein de la terre, le savant évêque lui répondit: « Les profondeurs de la terre contiennent du feu, ainsi que nous le démontrent l'Etna et le Vésuve. Les eaux souterraines montent par des espèces de siphons; celles qui coulent loin du feu intérieur sont froides; celles dont la source est voisine de ce feu sont échauffées et arrivent à la surface de la terre que nous habitons avec une chaleur souvent insupportable. »

Les sources thermales sont répandues sur tous les points du globe. Nous en avons de nombreux exemples dans certaines régions de la France notamment dans les Vosges et dans les Pyrénées. La température de beaucoup d'entre elles dépasse 50 et 60 degrés; quelques-unes ont une chaleur voisine de l'eau bouillante, telle est celle d'Hammam Meskoutine dans la province de Constantine, qui marque au thermomètre 95 degrés.

Parmi les sources chaudes, celles de l'Islande et surtout le grand Geyser et le Strock sont à bon droit célèbres.

Entre des collines nues et glacées s'étend une plaine d'environ cinquante hectares dont le sol d'un rouge livide, formé

Fig. 42. — Le Strock, en Islande.

d'une argile impure, sèche et crevassée, est criblée de trous et d'orifices béants dont le plus grand, le Geyser, est à l'une des extrémités de ce groupe de sources thermales. Au milieu d'un cône tronqué de 8 à 10 mètres de hauteur, formé de couches de silice concrétionnée, est creusé un vaste bassin de 18 mètres de diamètre, assez semblable à une cuvette, et au fond duquel est percé le tube qui donne passage à la source ; celui-ci a environ 5 mètres de diamètre. Le bassin est plein jusqu'au bord d'une eau presque bouillante et au-dessus s'élève constamment une grande colonne de vapeur. A des intervalles très-réguliers d'une heure et demie, un bruit semblable au tonnerre indique dans le fond de la source le commencement de l'éruption. L'eau commence à bouillonner dans le bassin, puis des jets d'eau bouillante d'une épaisseur de 3 mètres se succèdent immédiatement en s'élevant jusqu'à 30 et même 40 mètres. La température de ces jets d'eau diminue d'une manière remarquable durant leur ascension. Peu de temps avant l'éruption, à 23 mètres de profondeur, la température de l'eau était dans le tube de 126 degrés, elle n'est plus que de 85 quand elle retombe dans le bassin.

Le strock situé non loin du grand Geyser, a un moindre volume d'eau que ce dernier. Les éruptions sont plus fréquentes mais elles ne s'annoncent pas par des détonations souterraines. A 15 mètres de profondeur dans le tube, l'eau du strock marque 115 degrés ; à la surface elle n'est plus que de 100 degrés. Le strock offre cette particularité singulière, que l'on peut à volonté provoquer ses éruptions. Il suffit de jeter dans son orifice une certaine quantité de mottes de terre pour le voir, au bout de quelques minutes, s'agiter avec violence, bouillir en sifflant et lancer dans les airs une colonne d'eau de quarante pieds de hauteur qui emporte avec elle les matières qu'on y a jetées.

Les autres sources, assez nombreuses, ont le caractère général des deux précédentes, elles n'en diffèrent que par leurs dimensions beaucoup plus étroites et leur puissance infiniment moindre. D'après Bunsen, ces éruptions d'eau bouillante viennent de ce qu'une partie d'une colonne d'eau située plus bas, et qui sous la pression de vapeurs accumulées a acquis un haut degré de température, est poussée en avant et ne subit plus qu'une pression qui ne répond pas à cette température.

A la Nouvelle-Zélande, située dans l'hémisphère austral à quelque vingt degrés des antipodes de l'Islande, se passent des phénomènes analogues.

L'île du Nord, la plus riche et la plus peuplée, est traversée tout entière du nord-est au sud-ouest, sur une longueur de 300 kilomètres par une zone volcanique tout hérissée de pics igni-vomes de 2 à 3,000 mètres de hauteur et semée de solfatares, de fumerolles, de lacs d'eau chaude et de sources thermales jaillissantes qui rappellent les Geysers de l'Islande. A son extrémité nord, cette zone porte le nom de district des lacs, à cause

Fig. 15. — Le Te-Tu Rata, source d'eau bouillante à la Nouvelle Zélande.

de la multitude de bassins de toute dimension qui en constellent la surface. Le plus remarquable est le Roto-Mahana ou Lac bouillant. Il est long de 1500 mètres et large de 3 à 400; ses eaux d'un vert sombre sont toujours couvertes de vapeurs et leur température approche du degré d'ébullition. Sur ses rives s'ouvrent d'innombrables bouches qui déversent dans le lac leurs eaux brûlantes. Le plus remarquable de ces déversoirs

est le Te-Ta-Rata qui lance du sommet d'une éminence domi-
nant le lac de 35 mètres, une énorme colonne d'eau bouillante.
Ces eaux, douées au plus haut degré de la faculté d'incrusta-
tion, ont déposé depuis leur orifice jusqu'au lac une série de
gradins comparables au plus bel albâtre. Dans chaque degré
revêtu d'un petit bord en saillie où pendent de délicates stalactites sont comme enchassés des bassins teintés du plus bel azur.
Ce sont comme autant de baignoires naturelles que le luxe le
plus raffiné n'aurait pu rendre ni plus élégantes ni plus com-
modes, à la température près. Aucune description ne saurait
rendre l'effet magique de cette série de terrasses finement cise-
lées. Imaginez-vous, dit un voyageur, une chute d'eau qui,
roulant de gradin en gradin le long du gigantesque escalier de
l'Orangerie de Versailles, s'y serait soudainement changée en
marbre blanc.

Parmi les sources chaudes, quelques-unes seulement sont
pures ; d'autres contiennent en dissolution une plus ou moins
grande proportion de matières solides ou gazeuses.

L'eau est le grand dissolvant de la nature. Elle exerce
sur la plupart des corps une action délayante si énergique qu'il
est rare de la rencontrer pure. L'eau de pluie elle-même, nous
l'avons déjà dit, contient de l'air en dissolution et des traces
d'acide nitrique et d'ammoniaque. Cependant, on peut regarder
l'eau de pluie comme sensiblement pure ; il en est de même
de celle qui provient de la fonte des neiges et des glaces. Mais
lorsque ces eaux s'infiltrent dans le sein de la terre, elles se
trouvent, à mesure qu'elles cheminent, en contact avec de
nombreuses substances minérales solubles ; elles s'en emparent
et s'altèrent d'autant plus qu'elles pénètrent plus profondément, leur pouvoir dissolvant augmentant et par la pression et
par la température de plus en plus élevée qu'elle acquiert. A
quelques exceptions près, plus la température des eaux s'élève,
plus leur composition est altérée ; aussi la plupart des sources
chaudes possèdent des propriétés thérapeutiques que l'homme a,
dans tous les temps, appliquées à la guérison de ses maux.

Les eaux les plus pures sont celles qui dans leur trajet souterrain n'ont été en contact qu'avec des roches siliceuses qu'elles
ne peuvent attaquer ; elles se rapprochent alors des eaux peu

viales et offrent une limpidité et une fraîcheur , qui les rend potables par excellence.

Il n'en est plus ainsi des eaux qui traversent des terrains

Fig. 44. — La fontaine pétrifiante de Sainte-Alyre, à Clermont-Ferrand.

calcaires ; elles se chargent alors d'une certaine quantité de sels de chaux, tenus en dissolution par l'acide carbonique, dont elles s'emparent en pénétrant dans la terre. Quelquefois la proportion de ces sels est telle que les eaux deviennent *incrus-*

tantes, c'est-à-dire qu'elles déposent en croûte sur les objets environnants les substances salines qu'elles tiennent en dissolution. Telles sont les eaux d'Arcueil près de Paris, la fontaine de Saint-Alyre à Clermont-Ferrand, dont les eaux sont si riches en carbonate de chaux qu'elles recouvrent tous les objets qu'on y laisse séjourner quelque temps, ce qui leur donne un aspect de pétrification.

Telle est l'origine des stalactites et des stalagmites qui décorent certaines grottes. En traversant la roche supérieure, l'eau dissout le carbonate de chaux ; cette eau ainsi chargée pénètre jusqu'à la voûte de la grotte et y reste quelque temps suspendue. Peu à peu le liquide s'évapore en laissant un petit cercle de matière solide. Les gouttes subséquentes augmentent nécessairement ce dépôt ; ces continuelles répétitions finissent par former un cône ou espèce de pendentif fixé à la voûte par sa base, et à l'extrémité duquel de nouvelles molécules viennent constamment s'appliquer. C'est ce qu'on nomme *stalactites*. Les gouttes d'eau qui tombent sur le sol de la cavité souterraine y forment d'autres dépôts qui par la même cause s'élèvent peu à peu, ce sont les *stalagmites*. Quelquefois ces derniers dépôts, en prenant de l'accroissement, vont joindre les stalactites qui pendent aux voûtes, et forment par la suite, d'énormes colonnes qui décorent majestueusement les cavernes ou grottes souterraines.

Quelques sources contiennent une certaine quantité de silice en dissolution et forment des dépôts de tufs siliceux purs ou mélangés avec des matières étrangères. C'est cette substance que les Geysers d'Islande déposent par couches autour de leur bassin.

On réserve habituellement le nom d'*eaux minérales* aux eaux de sources tenant en solution ou en suspension des substances minérales dans des proportions telles que leurs propriétés physiques et chimiques sont médicamenteuses. Les eaux minérales ont été partagées en plusieurs classes d'après la prédominance du principe qui détermine leur action thérapeutique. Ce sont : les eaux sulfureuses, les alcalines, les acidules, les ferrugineuses, les salines, les iodées. Elles sont thermales, tempérées ou froides.

Les *eaux sulfureuses* renferment, soit du gaz hydrogène

sulfuré, soit des hydrosulfates, soit les deux réunis. Ces eaux sont facilement reconnaissables à leur odeur fétide d'œufs gâtés ; elles noircissent les métaux blancs. La plupart des eaux sulfureuses sont chaudes ; leur température varie de 30 à 45 degrés. Nous citerons parmi les plus renommées celles des Pyrénées (Barèges, Canterets, Eaux-Bonnes, Bagnères de Luchon, Saint-Sauveur) ; celles d'Arles, celles d'Aix en Savoie, de Lucques en Italie, de Baden en Autriche, d'Aix-la-Chapelle, etc. Il existe à Enghien, près Paris, des eaux sulfureuses froides.

On emploie généralement les eaux sulfureuses dans le traitement des affections cutanées, des engorgements scrofuleux, des rhumatismes, etc.

Il existe des lacs sulfureux dont le bassin est alimenté par des sources chargées d'hydrogène sulfuré ; tel est le lac de Sernaje dans le cercle de Nijni-Novgorod, en Russie. Il est situé au pied d'une montagne calcaire et ressemble à une grande chaudière ; de ses eaux sulfureuses s'échappent d'abondantes émanations d'hydrogène sulfuré qui empuantissent l'air aux environs. Ses eaux, très-limpides, laissent apercevoir son fond d'un vert noirâtre très-foncé. La température n'y baisse jamais au dessous de 30 degrés, même en hiver, et dans les temps froids il s'en élève une vapeur qui obscurcit l'air.

Il existe également à Java et dans les Cordillières des lacs d'eaux sulfureuses qui prennent naissance dans des terrains volcaniques. L'un d'eux est alimenté par une source chargée d'acide sulfurique qui jaillit des flancs du volcan Purace à 300 mètres de hauteur. Elle forme trois cascades pittoresques dont la dernière tombe de cent mètres de hauteur. Cette source dont la température est de 72 degrés près du lieu de son émission donne naissance à une petite rivière, le *Rio Vinagre* dont les eaux chargées d'hydrogène sulfuré et d'acide carbonique vont se jeter dans le lac.

Les *eaux alcalines* doivent surtout leurs propriétés à la soude libre ou carbonatée. Les eaux alcalines contiennent en outre des chlorures et des sulfates alcalins et terreux. Les eaux de Vichy, de Néris, de Bourbon l'Archambault, du Mont Dore de Plombières, en France : celles de Carlsbad et de Tœplitz en Bohême, d'Ems et de Wiesbaden dans le Nassau sont des sources alcalines thermales. Celles de Bussang et de Marienbad sont froides.

Quelques lacs produisent de la soude en quantité. Ils sont répandus surtout en Hongrie où on les exploite pour la fabrication du savon.

Les *eaux acidules* sont caractérisées par la présence du gaz acide carbonique ; elles ont une saveur vive, aigrelette, qui se perd à mesure que le gaz se dégage. Les bulles qui viennent sans cesse éclater à leur surface leur donnent une apparence d'ébullition beaucoup plus marquée dans les temps secs et à l'approche des orages. Elles contiennent une grande variété de principes salins. C'est ainsi que l'eau de Seltz, analysée par le docteur Kassner, lui a donné, outre le gaz acide carbonique et les gaz oxygène et azote, dix-sept principes fixes différents. — Les eaux acidules sont généralement froides ; telles sont celles de Pougues, de Sainte-Marie, de Contrexeville en France, et la plus célèbre, celle de Seltz, dans le duché de Nassau ; ses eaux sont maintenant reproduites industriellement, leur usage est passé dans la vie habituelle.

Les *eaux ferrugineuses* contiennent le fer en dissolution soit par l'acide carbonique, soit à l'état de sulfate. Ces eaux minérales sont les plus communes de toutes, il n'est pour ainsi dire pas de contrées qui n'en possèdent. Quelques-uns sont thermales : Forges, Sylvanès, Rennes dans l'Aude ; les autres sont froides : Selles, Passy Spa, Egra (Bohême).

Les *eaux salines* sont celles qui, n'étant ni sulfureuses ni alcalines, ni acidules ni ferrugineuses, ont pour principes actifs des sels, tels que des chlorures, et des sulfates alcalins : aussi jouissent-elles pour la plupart de propriétés purgatives très-prononcées. Celles d'Aix en Provence, de Balaruc, de Bagnères de Bigorre, de Dax, de Bourbonne-les-Bains de Luxeuil sont thermales. Celles de Cheltenham et d'Epsom en Angleterre, de Sedlitz et de Pulna en Bohême sont froides. Parmi les eaux salines froides, on peut mettre au premier rang l'eau de mer, en raison du nombre et de la proportion des principes salins qu'elle renferme.

Les *eaux iodées* doivent leurs propriétés particulières à la présence de l'iode à l'état d'iodure ou d'iodhydrate. Ces sources peu nombreuses se trouvent principalement en Italie.

CHAPITRE XVI

Si le rôle que joue l'eau dans l'économie générale du globe est des plus importants, celui qu'elle remplit dans les corps organisés n'est pas moins essentiel. Sans l'eau pas de vie possible. Le célèbre chef de l'École Ionienne, le philosophe Thalès, enseignait à ses disciples, il y a quelque 2,000 ans que l'eau est le principe de toutes choses. Les plantes et les animaux, disait-il, ne sont que de l'eau condensée et c'est en eau qu'ils se résoudront après leur mort. Bien que, scientifiquement, cette affirmation soit loin d'être rigoureusement vraie, elle est cependant beaucoup moins exagérée qu'on serait tenté de le croire tout d'abord.

Les corps organisés, animaux et végétaux, offrent tous, répandue dans leurs organes, interposée dans la trame de leurs tissus et en proportions énormes, de l'eau qui, se mêlant à certains principes, à certaines substances, constitue les différents fluides nécessaires à l'entretien de la vie. Une petite portion de matières organiques et minérales suffit pour changer l'eau en sève, en sang, en lait. Le sang renferme 97 pour cent d'eau, le lait 85 pour cent. Un corps humain complètement desséché perd les 8/10 de son poids ; c'est ce que prouvent les corps naturellement momifiés que l'on a retrouvés ans diverses circonstances. On conserve encore dans le caveau de la tour Saint-Michel à Bordeaux un certain nombre de corps

Fig. 45. — L'aqueduc romain près Poitiers.

semblables trouvés dans l'ancien cimetière de l'Église : le plus lourd pèse à peine douze kilos. Chez beaucoup d'animaux inférieurs, l'eau se trouve encore en plus grande proportion.

L'eau est la boisson la plus commune de l'homme et des animaux, et elle est la base principale de tous les autres liquides. L'eau pure et fraîche a pour effet d'étancher la soif; nul besoin satisfait ne procure un bien-être plus vif et plus instantané ; nul liquide ne l'apaise avec plus d'efficacité. L'eau a de plus la propriété de dissoudre les aliments solides, de favoriser ainsi l'action de l'estomac sur ces substances, d'en faciliter l'absorption, et, par là, de concourir puissamment à l'alimentation. L'eau introduite dans l'estomac se mêle au sang dont elle diminue l'épaisseur et la consistance : elle parcourt toute l'économie et va répandre dans toutes les parties la quantité de matières fluides nécessaire à leur action. Si l'eau dans l'état sain, est d'une utilité si indispensable, dans l'état de maladie, elle rend des services non moins éminents. Elle est le véhicule de la plupart des substances médicamenteuses, et l'on peut dire que, dans la majorité des cas, elle est la partie la plus influente des médicaments liquides, sinon la seule. La médecine et la chirurgie lui reconnaissent une foule de propriétés qui varient selon la température à laquelle elle est employée. D'après les disciples d'Hippocrate, l'eau chaude excite, l'eau tiède relâche, l'eau fraîche désaltère et l'eau très-froide stimule, donne du ton. On sait aussi combien est salutaire l'effet des bains sur l'économie, soit dans l'état de santé, soit employés comme moyen thérapeutique.

L'eau prise à la surface ou dans le sein de la terre n'est jamais pure. Contenant en solution ou en suspension une quantité plus ou moins grande de substances terreuses ou des matières végétales ou animales, elle se purifie bien un peu par le repos, mais ce n'est que par la distillation qu'on obtient l'eau chimiquement pure, c'est-à-dire exempte de tous corps étrangers. Mais l'eau distillée est impropre à servir de boisson: elle est lourde et indigeste; elle doit, pour être potable, contenir de l'air.

L'eau de pluie est généralement la plus pure qui se présente dans la nature ; elle est très-saine à boire lorsqu'on la recueille directement dans des vases propres, et dans beaucoup de pays où l'eau des puits est impure, on la recueille pour se procurer de l'eau potable. C'est ainsi qu'en Hollande, à Venise, et dans d'autres pays où l'eau du sol est saumâtre, on recueille les eaux de pluie et on les conserve dans des citernes construites en briques ou en pierres revêtues d'un enduit imperméable. Ces eaux de citerne sont de très-bonne qualité lorsqu'on a soin de les bien aérer et de les entretenir en état de propreté. Faute de ces précautions, l'eau s'y corrompt, surtout à l'époque des grandes chaleurs.

L'eau la plus ordinaire est prise dans les sources, les puits, les rivières, les marais et les étangs. Ces eaux, même l'eau de roche la plus fraîche, la plus limpide, contiennent des matières calcaires ramassées en route dans le sol. Le calcaire dissous dans l'eau peut s'y trouver à deux états différents : à l'état de plâtre ou sulfate de chaux, il la rend indigeste et impropre à la cuisson des légumes.

Les eaux de cette nature, dites crues ou séléniteuses, se reconnaissent aisément ; le savon n'y produit pas de mousse et y occasionne un dépôt grumeleux : telle est l'eau du plus grand nombre de nos puits. Quand le calcaire se trouve à l'état de carbonate de chaux et en faible proportion, l'eau est digestive, salubre, et particulièrement utile à l'organisme, en ce qu'elle y amène la chaux nécessaire à l'entretien des os.

L'eau des rivières est bien moins chargée de calcaire que les sources ; mais elle contient toujours des matières animales ou végétales, en quantité assez insignifiante, il est vrai, loin des grands centres de population, mais trop forte dans leur voisinage pour ne pas offrir quelque chose de repoussant. Les eaux de Paris sont plus ou moins gypseuses et chargées de matières en décomposition, ce qui fait que souvent les étrangers en sont incommodés et paient, comme on dit, leur tribut aux eaux de Paris. Les Parisiens, dit Beaumarchais, sont condamnés à boire le soir ce qu'ils ont vidé le matin. L'administration de cette grande ville, frappée de cet inconvénient, s'occupe en ce moment de grands et coûteux travaux pour amener de loin des eaux plus pures.

D'après ce qui précède, on voit que, le plus souvent, on pourrait même dire toujours, la pureté des eaux est altérée. Quand elle ne l'est qu'à un faible degré, l'eau n'en est pas moins propre aux divers usages domestiques et industriels ;

Fig. 46. — Un puits dans le désert.

mais il arrive que dans certaines localités, dans certaines circonstances, on n'a à sa disposition que des eaux tellement chargées de substances étrangères qu'elles ne peuvent être employées. Dans ces différents cas, on a trouvé des moyens simples de les ramener à un degré de pureté convenable. L'ébullition et le refroidissement suffisent pour enlever à l'eau les gaz qu'elle contient. Le repos et le filtrage à travers une couche de sable clarifient celle qui tient du limon en suspension. Il suffit souvent du repos et d'une exposition prolongée à l'air pour précipiter les carbonates et autres sels calcaires qui rendent les eaux crues, c'est-à-dire impropres au savonnage et à la cuisson des légumes. Mais on peut en obtenir la précipitation immédiate à l'aide d'une petite quantité de carbonate de soude ; on substitue ainsi au sel calcaire un sel de soude qui est sans inconvénient. L'eau des marais les plus fangeux et les plus méphitiques devient claire, limpide et parfaitement potable quand on la traite par le charbon, qui, comme on sait, jouit de la propriété d'absorber les gaz. Quant à l'eau de mer, on n'a trouvé jusqu'à présent d'autre moyen de la purifier que la distillation.

Dès la plus haute antiquité, on a reconnu l'indispensable nécessité de se procurer de l'eau pure en grande abondance ; aussi voit-on parmi les restes de l'architecture antique des traces évidentes et nombreuses des efforts que l'on a faits en tout temps pour se procurer cet agent précieux. Ici ce sont des palais, qui, sous le nom de *thermes*, servaient aux bains publics ; là des arcades gigantesques, franchissant tous les obstacles pour amener l'eau pure jusqu'au centre des populations ; partout on voit la préoccupation constante des anciens peuples pour se procurer cet élément hygiénique du bien-être matériel. Les Romains surtout ont fait dans ce but des travaux énormes, partout où ils ont étendu leur empire, en Europe, en Asie, en Afrique.

Sous Néron, il y a 1830 ans, Rome avait des aqueducs et des réservoirs immenses. La ville recevait chaque jour 1500 litres d'eau de source par habitant.

Plus tard, tous ces beaux travaux ont été mal entretenus et plusieurs sont en ruine. Il faut bien avouer que les barbares, nos ancêtres, ont singulièrement contribué à cet état. Cependant, cette ville reçoit encore 900 litres d'eau par jour, pour chacun de ses habitants dont le nombre est considérablement réduit. Un illustre étranger, qui venait de visiter les riches fontaines de la place Saint-Pierre, engageait le magistrat qui lui servait de cicerone à faire cesser ce gaspillage inutile de liquide. Il croyait qu'on avait fait jouer les grandes eaux en son honneur comme à Versailles ou à Saint-Cloud.

Beaucoup de villes de France possèdent encore les restes d'aqueducs romains; on en voit à Paris, à Metz, à Besançon, Lyon, Poitiers, Bordeaux, Nîmes, Rhodez, etc. Le procédé romain consistait à prendre la source à sa sortie du rocher et à l'amener à destination, en maintenant son niveau dans un aqueduc qui traversait les vallées sur des arches souvent très-hautes et superposées comme au pont du Gard. Quelquefois, cependant, pour franchir les vallons, ils employaient des tubes en plomb, qui descendaient sur un des versants et remontaient sur l'autre; la ville d'Alatri, dans les États pontificaux, était abreuvée par ce procédé; on en a également retrouvé les traces dans les environs de Lyon.

A l'époque où le luxe arrivé à ses dernières limites présageait la décadence de l'empire, les riches patriciens distribuaient l'eau dans leurs palais au moyen de tuyaux d'argent. On avait cru longtemps que Stace, en racontant ce fait, il y a dix-huit siècles, avait suivi plutôt les inspirations fantastiques d'un poëte que les lois de la vérité. Récemment, dans les ruines de la villa d'Antonius Pius, à Lanuvium, on a trouvé des tuyaux de ce métal, dont un seul, pesant près de 20 kilogrammes, représente aujourd'hui une valeur de 4,000 francs.

Les Romains voûtaient toujours leurs aqueducs et leurs réservoirs, afin de tenir l'eau fraîche et d'empêcher le développement des végétations qui s'y manifestent habituellement sous l'action de la chaleur et de la lumière. Aujourd'hui l'on agit de même, et pour les mêmes motifs. Beaucoup de villes, depuis quelques années, ont conduit dans leur sein des sources éloignées : Dijon, Périgueux, Carcassonne, Marseille, Bordeaux, Lyon, Beaune, Bruxelles, etc., sont dans ce cas, et ont, ou remis en service des aqueducs anciens ou créé des conduites nouvelles. Les machines à vapeur ont, dans ce sens, rendu de grands services. Il n'est plus nécessaire que la source soit plus haute que la ville à alimenter. On y amène l'eau par sa

Fig. 17. — Puisatiers arabes de l'Oued-R'ir.

seule pente, et la machine l'élève à la hauteur nécessaire.

Chacun sait le rôle important que joue l'eau dans l'agriculture. Les contrées privées d'eau sont inhabitées et sans végétaux. Tel est le désert de Sahara. Là, autour de la plus petite source, du moindre puits d'eau saumâtre, on voit une oasis. C'est une plantation de palmiers, à l'ombre desquels s'élèvent des cultures et des habitations. Si l'eau vient à tarir, les palmiers se dessèchent, l'oasis meurt. Elles sont d'autant plus grandes, d'autant plus fertiles, que le nombre des puits ou des sources y est plus considérable. Celle de l'Ouadi Joiselès, la plus importante, a 300 kilomètres de long sur 100 de large.

De temps immémorial on a creusé des puits en Afrique, mais les Rtass ou puisatiers arabes en sont encore à l'enfance de l'art. Tout leur matériel se compose d'une pioche et d'un panier. Armés de ces deux outils, habitués à plonger sous l'eau, ils parviennent à force de temps et d'efforts à creuser des puits de 70 à 80 mètres de profondeur, et de 70 à 90 centimètres de diamètre, mais ces travaux primitifs n'ont pas de durée. Les sables, maintenus par de simples coffrages en planches de palmier, s'éboulent rapidement, comblent le puits et il faut tout recommencer. Depuis 1854, l'autorité française s'est occupée sérieusement de doter le pays de cet élément de prospérité ; par ses soins un grand nombre de puits ont été creusés, et l'on peut dire que ces utiles travaux ont plus fait pour la civilisation de l'Afrique française que tous les règlements administratifs, et que tous nos succès militaires.

L'eau liquide, par son poids, devient une force, et l'homme a imaginé un très-grand nombre de machines pour utiliser industriellement le choc, la pression ou le poids de l'eau. Plusieurs d'entre elles remontent à la plus haute antiquité. Vitruve, il y a 1900 ans, en décrivait qui sont encore en usage aujourd'hui.

En 1802, il n'existait pas un seul moulin à vapeur en France, toute la mouture se faisait par 66,000 moulins à eau et 10,000 moulins à vent. En évaluant, au minimum, la consommation du pain à 0,250 gr. (1/2 livre) par habitant et par jour, on trouve que la fabrication de toute la farine nécessaire exigeait le travail de 14,900 chevaux dynamiques ou chevaux-vapeur. Ces êtres fictifs ne se fatiguent pas, et quatre d'entre eux font, en 24 heures, autant de besogne que 15 chevaux vivants, qui ne peuvent fournir par jour que 8 heures de labeur continu. Ce chiffre correspond donc à 56,500 quadrupèdes de l'espèce chevaline ou 700,000 hommes, nombre qui d'après les tables de la population représente le dixième de la population mâle et valide du pays. L'eau à elle seule faisait les 7/8 de cet énorme travail qui n'était pas le seul qu'elle effectuât.

Jusqu'à l'époque du règne de Louis XIV, le Languedoc était resté à peu près dépourvu de voies de communications. Pour aller de l'Océan à la Méditerranée les navires français devaient faire le tour de l'Espagne. Un ingénieur, Ricquet, détourne un petit ruisseau, l'Alzan de son cours naturel; l'amène dans une vallée profonde, qu'il clôt par un gigantesque barrage de 32 mètres de haut; ramasse dans ce bassin, dit Saint-Ferréol, toutes les eaux qui tombent dans la montagne et les conduit dans un canal qui communique de la Méditerranée à la Garonne, c'est-à-dire à l'Océan. Cette vaste et riche contrée reçoit ainsi une vie nouvelle et Ricquet mérite le nom de bienfaiteur de son pays. Une entreprise analogue et bien plus grande encore, la plus grande entreprise des temps modernes, est le percement de l'isthme de Suez, dont le canal porte maintenant les navires de la Méditerranée dans la mer Rouge.

C'est à l'eau réduite en vapeur que nous sommes presque exclusivement redevables de l'immense développement qu'ont pris, depuis un demi-siècle, le commerce et l'industrie. Tantôt on s'en sert comme agent de transport de la chaleur, au bain-marie, dans les calorifères, tantôt elle agit comme agent chimique dans la fixation de certaines couleurs; enfin on l'emploie comme moyen de transformer en force motrice le calorique que dégagent les combustibles en brûlant. La vapeur a changé la face du monde; c'est elle qui fait marcher nos machines, c'est elle qui donne des ailes à la locomotive, qui nous emporte avec une vitesse merveilleuse sur les chemins de fer, au navire qui sillonne les mers contre vents et marée. Elle donne à l'homme la force des géants et la rapidité de l'oiseau; elle multiplie le travail, développe l'industrie, rapproche les bouts du monde et cimente l'union des peuples.

Et tel est le résultat des voyages de la goutte d'eau.

FIN

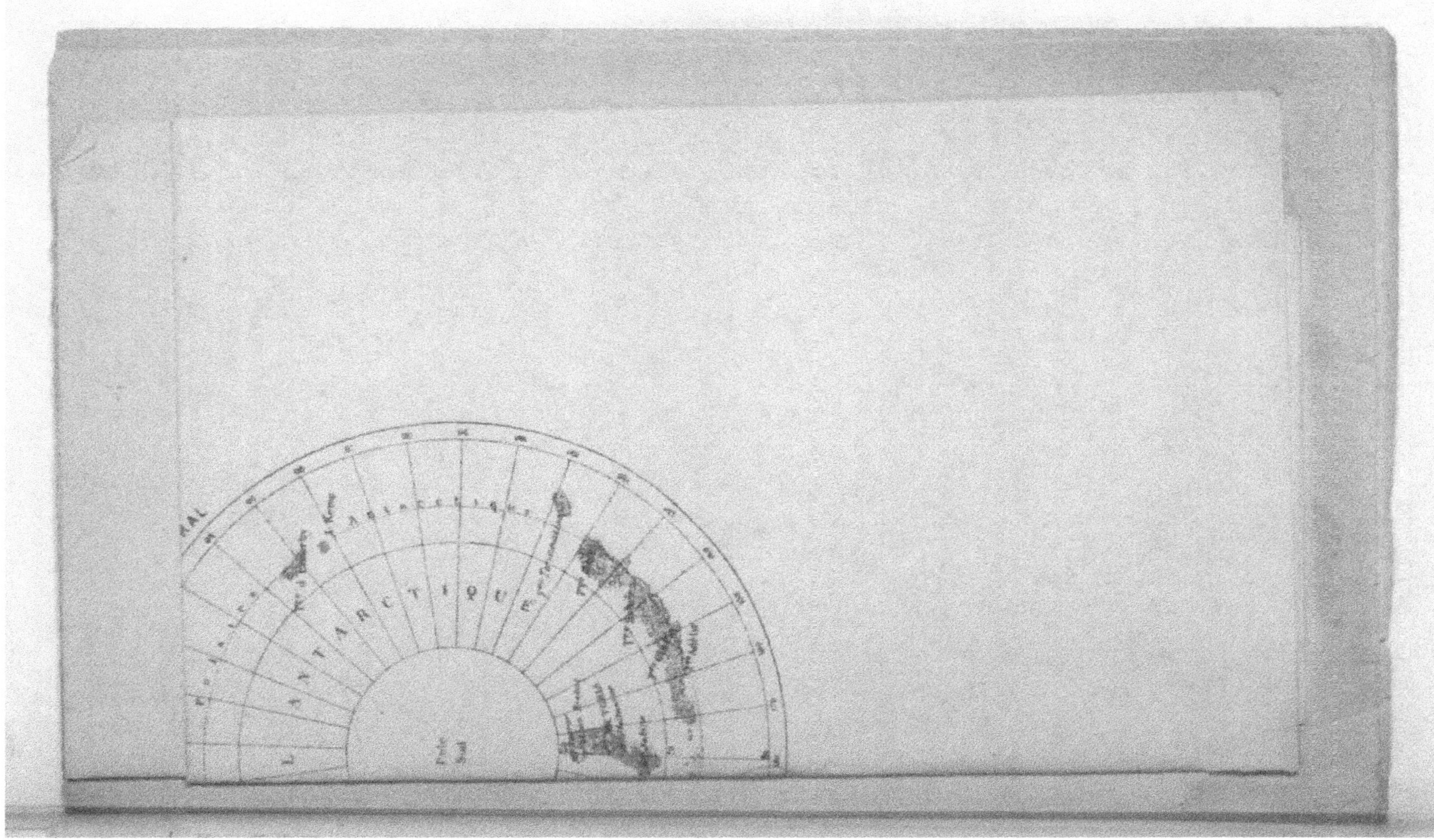

AUSTRAL
L'ANTARCTIQUE
Pole Sud
J. Kemp

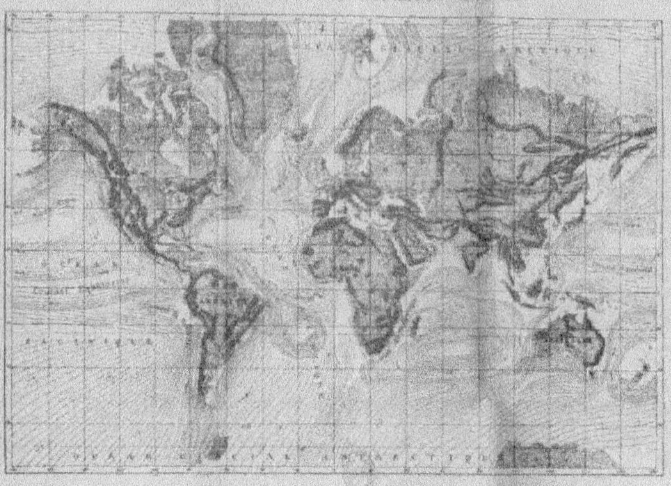

CARTE GÉNÉRALE DES COURANTS MARINS

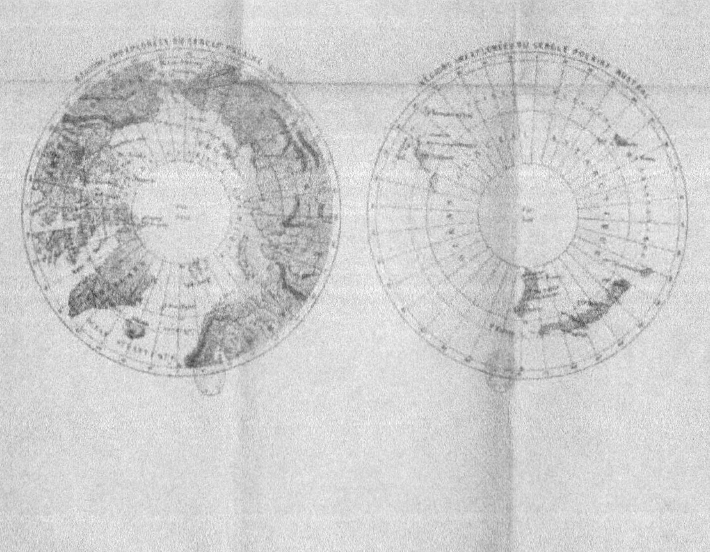

TABLE DES MATIÈRES

CHAPITRE Ier   — L'eau   5

CHAPITRE II   — Composition et propriétés de l'eau. — Qu'est-ce que l'eau ? — Cavendish. — Analyse et synthèse — L'oxygène et l'hydrogène. — Action de la chaleur, action du froid. — Une exception aux lois de la nature. — L'eau à l'état de vapeur. — Calorique latent. — Condensation.   11

CHAPITRE III   — L'atmosphère. — Propriétés de l'air. — L'horreur du vide. — Poids de l'air. — Toricelli. — Le premier baromètre. — Composition de l'air. — Circulation et purification de l'air   23

CHAPITRE IV   — L'eau dans l'atmosphère : les nuages. — Évaporation. — Formation des vapeurs dans l'air.   29

CHAPITRE V   — Pluie, brouillards, rosée, neige, grêle. — L'arc-en-ciel. — Le serein. — Gelée blanche. — La lune rousse. — Utilité de la neige. — Avalanches.   37

CHAPITRE VI   — L'océan. — Sa profondeur. — Le fond de la mer. — Densité des eaux. — Composition, salure, température, couleur. — Phosphorescence de la mer. — Mer de lait. — L'océan est le berceau de la vie   51

CHAPITRE VII   — Équilibre des mers, mouvements des eaux, niveau. — Ondes, vagues, flots de fond. — Marées. — Barre, mascaret, prororoca, tourbillons, maëlstrom .   63

CHAPITRE VIII — Courants de la mer. — Iles de corail. — Le golfe du Mexique et le Gulf Stream. — Le banc de Terre Neuve. — Le courant polaire. — Influence du Gulf Stream. — Mer des Sargasses. — *Kuro-Siwo* ou le fleuve noir. — Cause des courants maritimes. — Le sel, son rôle. — La mer Rouge et la Méditerranée, la mer Morte. — Les mollusques et les polypes. — Iles de corail. — Niveau constant des mers   78

CHAPITRE IX — Vents et tempêtes, circulation de l'atmosphère, vents alizés, lois des vents, moussons. — Brises de mer et de terre. — Zone de calmes. — Ceinture de nuages équatoriaux. — Calmes et tempêtes. — Typhons   95

CHAPITRE X — Les glaces polaires, pôle du froid. — Le passage du nord-ouest. — Les baleines. — La mer libre du pôle   112

CHAPITRE XI — Voyages d'une goutte d'eau. — Le glacier. — Le Rhône. — Méditerranée . . .   120

CHAPITRE XII — Chaleur solaire. — Évaporation. — Pluie et circulation de l'eau à la surface de la terre. — Sources. — Puits artésiens. — Sources intermittentes   126

CHAPITRE XIII — Les cours d'eau. — Débordements, le Pô, le Nil. — Cascades, chutes, cataractes. — Le Niagara. — Rapides. — Pertes de cours d'eau. — Cours d'eau souterrains. — Longueur, profondeur des fleuves. Amazone, Mississipi   145

CHAPITRE XIV — Lacs et étangs. — Mer Caspienne. — Lacs périodiques. — Iles flottantes. — Eaux souterraines   168

CHAPITRE XV — Eaux thermales et eaux minérales. — Les Geysers d'Islande. — Le Roto Mohana ou lac bouillant de la Nouvelle Zélande. — Sources incrustantes. — Stalactites Stalagmites — Eaux minérales   178

CHAPITRE XVI — Rôle et usage de l'eau. — Boissons. — Usages domestiques et industriels. — Purification de l'eau. — Travaux hydrauliques des anciens. — L'eau dans l'agriculture — Le travail mécanique de l'eau. — Le canal du Languedoc. — L'isthme de Suez. — La vapeur   188

FIN DE LA TABLE.

A

L'Aigle noir des Dacotahs, par Jules B. D'AURIAC (voir *Drames du Nouveau-Monde*). 1 vol. . . . . 2 fr.

Les Amours à coups d'épée, par Gourdon DE GENOUILLAC. 1 vol. . . . . . . 2 fr.

L'Art de conserver la vue, par A. CHE-VALIER. Ouvrage utile à tous. 2ᵉ édit. 1 vol. grand in-18 avec 95 gravures. 1 fr.
Franco par la poste. . . . . 1 fr. 25

L'Astre du soir, par DEVOILLE. Nouvelle édition. 1 vol. grand in-18. . . . . . 2 fr.

Aventures d'un gentilhomme, par G. DE LA LANDELLE. 2 vol. . . . . 4 fr.
Première partie : *La Route de l'exil*. 1 vol.
Deuxième partie : *Le Manoir de Kosven*. 1 vol.

Avocats et paysans, par Raoul DE NAVERY. 3ᵉ édition, 1 vol. grand in-18 jésus. . 2 fr.

B

La belle Drapière, par Élie BERTHET. 1 vol. . . . . 2 fr. 50

BIBLIOTHÈQUE DE LA SCIENCE PITTORESQUE

Collection de jolis vol. in-18 jésus à UN FRANC.
(Franco par la poste 1 fr 25).

NOMBREUSES ILLUSTRATIONS DANS LE TEXTE.

La plupart des ouvrages de cette bibliothèque ont été couronnés par la Société pour l'Instruction élémentaire.

Voyage sous les flots, rédigé d'après le journal

de bord de *l'Éclair*, par Aristide ROGER (22 gravures).

Ma Maison. Histoire familière de mon corps, par W. HUGUES (48 gravures par Jules DUVAUX).

Les secrets de la plage, par J. PIZZETTA (83 gravures).

Histoire d'une feuille de papier, par J. PIZZETTA (36 gravures).

Histoire d'un morceau de charbon, par E. HÉMENT (52 gravures).

Les monstres invisibles, par Aristide ROGER (154 gravures).

Histoire d'un morceau de verre, par Jules MAGNY (56 gravures).

Histoire d'un grain de sel, par Henri VILLAIN (25 gravures).

La vie d'un brin d'herbe, par Jules MACÉ (161 gravures).

Histoire d'un rayon de soleil, par F. PAPILLON (70 gravures).

Le monde avant le déluge, par J. PIZZETTA (102 gravures).

Les habitations merveilleuses, par L. ROUSSEAU (74 gravures). 2 volumes en 1.

L'étincelle électrique, son histoire, ses applications, par Paul LAURENCIN (103 gravures).

Les grands phénomènes de la nature, par H. BENOIST (42 gravures).

La vapeur et ses merveilles, par E. LOCKERT (76 gravures).

L'esprit des poissons, par DE LA BLANCHÈRE (35 gravures).

D'autres volumes encore sont en préparation.

Le bivouac des Trappeurs, par Bénédict-Henry Révoil. 1 vol. grand in-18, 2e édition . . . . 2 fr. 50

Les bohêmes du Drapeau, par A. CAMUS.
Première série : *Zéphirs, Turcos, Spahis, Tringlos*, vignettes par Jules DUVAUX. 1 vol. in-18 jésus. . . . . 2 fr. 50
Deuxième série : *La légion étrangère*. 1 vol. in-18 jésus. . . . . 2 fr. 50

(Chaque volume se vend séparément.)

Bonjour Philippe! Nouvelle. 1 vol. in-12.   1 fr. 50
La Bretagne, paysages et récits, par Eugène LOUDUN. 1 vol. grand in-18 . . .   2 fr. 50

C

Le Capitaine aux mains rouges, par Raoul LE NAVERY. 1 vol. grand in-18 . . .   2 fr.
La Caravane des Sombreros, par Jules B. D'AURIAC (voir *Drames du Nouveau-Monde*). 1 vol. in-18 jésus. . . . .   2 fr.
Ce qu'il en coûte pour vivre. Roman de mœurs contemporaines, par J. BERLIOZ. 1 vol. . . . .   2 fr. 50
La Cendrillon de village, par Raoul DE NAVERY. 1 vol. grand in-18 . . . .   2 fr.
La Chambre rouge, par la comtesse de BASSANVILLE. 1 vol. . . . . . .   2 fr. 50
La Charrue et le Comptoir, par A. DEVOILLE. Nouvelle édition. 1 vol. grand in-18 . . . .   2 fr.
La Chasse à l'Esclave, par Xavier EYMA. 1 vol. . . . .   2 fr. 50
Le Château de Maiche, par A. DEVOILLE. 1 vol. grand in-18 . . . . . .   2 fr.
Le chercheur de Trésors, Mémoires d'un émigrant, par DE BELLERIVE. 1 vol. in-18.   2 fr.
La Cloche de Louville, par DEVOILLE. Nouvelle édition. 1 vol. grand in-18. . . .   2 fr.
Cœur-de-Panthère, par Jules B. D'AURIAC (voir *Drames du Nouveau-Monde*). 1 vol. in-18 jésus . . . .   2 fr.
Les contes du chanoine Schmid, 1re, 2e, 3e, 4e séries. 4 vol. grand in-18. . .   8 fr.
    Chaque vol., formant une série, se vend séparément. . . . .   2 fr.
Les Contrebandiers de Santa-Cruz, par DE BRÉHAT. 1 vol. . . . .   2 fr.
Le Corsaire rouge, par Fenimore COOPER. Traduction nouvelle, édit. corrigée. 1 vol. grand in-18. . . . .   2 fr.
La cour d'un roi d'Orient, par B. H. RÉVOIL. 1 vol. grand in-18, illustré par Télory.   2 fr.

Les Cousines de l'Introuvable, par G. DE
   LA LANDELLE. 1 vol. grand in-18 . . 1 fr.
Le Cratère ou *le Robinson américain*, par
   Fenimore COOPER. Traduction nouvelle,
   édit. corrigée. 1 vol. grand in-18 . . 2 fr.
Les Croisés, par DEVOILLE. Nouvelle édi-
   tion. 2 vol. grand in-18 . . . . . 4 fr.
La Croix du Sud, par DEVOILLE. Nou-
   velle édition. 1 vol. grand in-18 . . 2 fr.

D

Le dernier des Mohicans, par Fenimore
   COOPER. Traduction nouvelle, édit. cor-
   rigée. 1 vol. grand in-18 . . . . . 2 fr.
Les deux Moulins suivis des *Maraisd'Arles*,
   par un Professeur. 1 vol. grand in-18 . 2 fr.
Les deux routes de la vie, par G. DE LA
   LANDELLE. 1 vol. grand in-18 . . . 2 fr.
Le Douanier de mer, par Élie BERTHET.
   1 vol. . . . . 2 fr. 50

LES DRAMES DU NOUVEAU-MONDE
Par B.-H. RÉVOIL et Jules-B. D'AURIAC.

18 jolis volumes avec couverture illustrée.
Chaque volume. . . 2 fr.

(La collection complète : 30 fr. au lieu de 36 fr.

PREMIÈRE SÉRIE.

LA SIRÈNE DE L'ENFER	1 vol.	LES ÉCUMEURS DE MERS	1 vol.
L'ANGE DES PRAIRIES	1 vol.	LA TRIBU DU FAUCON-NOIR	1 vol.
LES PARIAS DU MEXIQUE	1 vol.	LA FILLE DES COMANCHES	1 vol.

DEUXIÈME SÉRIE

L'ESPRIT BLANC	1 vol.	LE MANGEUR DE POUDRE	1 vol.
LES PIEDS FOURCHUS	1 vol.	RAYON-DE-SOLEIL	1 vol.
L'AIGLE NOIR DES DACOTAHS	1 vol.	LE SCALPEUR DES OTTAWAS	1 vol.

TROISIÈME SÉRIE.

ŒIL DE FEU	1 vol.	LES TERRES D'OR	1 vol.
FORESTIERS DU MICHIGAN	1 vol.	JIM L'INDIEN	1 vol.
CŒUR-DE-PANTHÈRE	1 vol.	CARAVANE DES SOMBREROS	1 vol.

La dynastie des Fouchard, par Marin DE
   LIVONNIÈRE. 1 vol. grand in-18 . . . 2 fr.

E

Les échos de ma Lyre, poésies. 1 beau vol.
grand in-18 illustré . . . . 2 fr.
L'Écumeur de mer. Traduction nouvelle, éd.
corrigée. 1 vol. grand in-18 . . . . . 2 fr.
L'Esprit blanc, par Jules B. D'AURIAC
(voir *Drames du Nouveau-Monde*). 1
vol. in-18 jésus . . . . 2 fr.
L'Étoile du Matin, par DEVOILLE. Nouvelle
édition. 1 vol. grand in-18 . . . . . 2 fr
L'Étincelle électrique, son histoire, ses
applications, par Paul LAURENCIN (voir
Bibliothèque de la Science Pittoresque).
1 vol. illustré de 97 gravures. . . . . 1 fr.
Franco par la poste. . . . . 1 fr. 25

F

La Fiancée de Besançon, par DEVOILLE.
Nouvelle édition. 2 vol. grand in-18. . . 4 fr.
La Fille au coupeur de paille, par Raoul
DE NAVERY. 1 vol. grand in-18 . . . . 2 fr.
Les Forestiers du Michigan, par Jules B.
D'AURIAC (voir *Drames du Nouveau-
Monde*). 1 vol. in-18 jésus. . . . . . 2 fr.
Le Fratricide ou *Gilles de Bretagne*, chro-
nique du quinzième siècle, par le vicomte
WALSH. 8ª édition, revue et corrigée. 2 vol.
grand in-18 . . . . 4 fr.
La frégate l'Introuvable, 101ª maritime,
par G. DE LA LANDELLE. 4ª édition. 1
vol. grand in-18 . . . . 1 fr.

G

Les Grands phénomènes de la nature, par
H. BENOIST. 1 vol. illustré de 42 gra-
vures (voir *Bibliothèque de la Science
Pittoresque*) . . . . 1 fr.
Franco par la poste. . . . . 1 fr. 25
La Guerre d'Amérique, récit d'un soldat
du Sud, par Marius FONTANE. 2 vol.
avec carte . . . . 4 fr.

H

Les hasards de la vie, par Xavier MAR-
MIER. 1 vol. grand in-18 . . . . . . 2 fr.
Histoires américaines, par Édouard AU-
GER. 1 vol. in-18 jésus. . . . . . . 2 fr.
Histoire intime, par Mlle Zénaïde FLEU-
RIOT. 1 vol. grand in-18. 2e édition. . 2 fr. 50
Histoire de Jérusalem, par POUJOULAT.
5e édition. 2 vol. grand in-18 . . . 4 fr.
Histoire naturelle de la France, par A.
YSABEAU. 1 vol. grand in-18. . . . 2 fr.
Histoire d'un grain de sel, par Henri
VILLAIN (voir *Bibliothèque de la science
pittoresque*). 1 vol. illustré de 25 gr. 1 fr.
Franco par la poste. . . . . 1 fr. 25
Ouvrage couronné par la Société pour l'instruc-
tion élémentaire.
Histoire d'une feuille de papier, par J.
PIZZETTA (*Bibliothèque de la Science
Pittoresque*). 1 vol. grand in-18, orné de
36 gravures . . . . 1 fr.
Franco par la poste. . . . . 1 fr. 25
Ouvrage couronné par la Société pour l'instruc-
tion élémentaire.
Histoire d'un morceau de charbon, par E.
HÉMENT (*Bibliothèque de la Science Pit-
toresque*). 1 vol. in-18 jésus, illustré de
52 gravures . . . . 1 fr.
Franco par la poste. . . . . 1 fr. 25
Ouvrage couronné par la Société pour l'instruc-
tion élémentaire.
Histoire d'un morceau de verre, par J.
MAGNY (*Bibliothèque de la Science Pit-
toresque*). 1 vol. grand in-18, illustré
de 56 gravures . . . . 1 fr.
Franco par la poste. . . . . 1 fr. 25
Ouvrage couronné par la Société pour l'instruc-
tion élémentaire.
Histoire d'un rayon de soleil, par F. PA-
PILLON (*Bibliothèque de la Science Pit-
toresque*). 1 vol. grand in-18 illustré de
70 gravures . . . . 1 fr.
Franco par la poste . . . . 1 fr. 25

Histoire du père Ramassis-Ramassat et du mousse Flageolet, par G. DE LA LANDELLE. 1 vol. grand in-18. . . . . . 1 fr.

L'Homme de feu, par G. DE LA LANDELLE. 1 vol. grand in-18 . . . . 2 fr.

Hygiène et économie domestique, par A. YSABEAU. 1 vol. in-18 jésus . . . . 2 fr.

I

Iréna ou *la Vierge lyonnaise*, par DE-VOILLE. 2 vol. grand in-18 . . . . . 4 fr.

J

Jean Bart et Charles Keyser, par G. DE LA LANDELLE (Études marines). 1 fort vol. grand in-18 jésus . . . . 3 fr. 50

Jean l'Égorgeur, par A. AUFAUVRE. 1 vol. . . . . 2 fr. 50

Jérôme le Trompette, épisode de la guerre de Catalogne (1810), par L. DE BEAU-REPAIRE. 2ᵉ édition, 1 vol. . . . . 2 fr. 50

Jim l'Indien, par Jules B. D'AURIAC (voir *Drames du Nouveau-Monde*). 1 vol. . 2 fr.

Les jumeaux de Lusignan ou *les Petits-Fils de Mélusine*, par Ém. CARPENTIER, illustré par YAN' DARGENT. 1 vol. grand in-18 . . . . 2 fr.

L

Les Lavandières, légende bretonne, par G. D'ETHAMPES. 1 vol. . . . . . . 2 fr. 50

La Légion étrangère, deuxième série des *Bohèmes du drapeau*, par A. CAMUS, 1 vol. . . . . 2 fr. 50

Lisa, par Marin DE LIVONNIÈRE. 1 vol. grand in-18 . . . . 2 fr. 50

M

Maison à louer, par Charles DICKENS, tra-duction de Bénédict-Henry Révoil. 1 vol. 2 fr. 50

Ma Maison, histoire familière de mon corps, par W. HUGUES (*Bibliothèque de la science pittoresque*). 1 vol. in-18

jésus illustré de 48 gr. par J. DUVAUX. 1 fr.
Franco par la poste. . . . . 1 fr. 25
Ouvrage couronné par la Société pour l'instruc-
tion élémentaire.

Le Mangeur de Poudre, par Jules B. D'AU-
RIAC (voir *Drames du Nouveau-Monde*).
1 vol. in-18 jésus. . . . . 2 fr.

Manjo le Guerillero (suite de *Jérôme le
Trompette*), par L. DE BEAUREPAIRE.
2ᵉ édit. 1 vol. . . . . 2 fr. 50

Les Mémoires de mon oncle, par Ch. D'HÉ-
RICAULT. 1 vol. grand in-18 . . . . 2 fr. 50

Mémoires d'une Mère de famille, par
DEVOILLE. Nouvelle éd. 1 vol. gr. in-18 2 fr.

Les Millions du cousin Gaspard, par A.
DE BRÉHAT. 2 vol. in-18 jésus . . . 4 fr.
Première partie : *Une parenté fatale* 1 vol.
Deuxième partie : *L'héritage de l'Indoue*. 1 vol.

Mon Sillon, par Mˡˡᵉ Zénaïde FLEURIOT. 1
vol. grand in-18. 3ᵉ édition . . . . . 2 fr. 50

Le Monde avant le déluge, par J. PIZ-
ZETTA (*Bibliothèque de la science pittoresque*). 1 vol. grand in-18 illustré de
102 gravures. . . . , ... 1 fr.
Franco par la poste. . . . . 1 fr. 25

Les Monstres invisibles par Aristide RO-
GER (*Bibliothèque de la science pittoresque*). 1 vol. grand in-18 illustré de
157 gravures . . . . 1 fr.
Franco par la poste. . . . . 1 fr. 25
Ouvrage couronné par la Société pour l'instruction élémentaire.

Le Mouton enragé, par G. DE LA LAN-
DELLE. 1 vol. in-18 jésus, 2ᵉ édition. . 2 fr.

N

Notre Passé, par Mˡˡᵉ Zénaïde FLEURIOT.
1 vol. in-18. . . . . 2 fr. 50

Nouveau manuel d'Agriculture, par une
société d'Agronomes. 1 vol. . . . . . 2 fr.

Nouveaux Quarts de nuit, récits maritimes, par G. DE LA LANDELLE. 3ᵉ édit.
1 vol. grand in-18 . . . . 2 fr

Nouvelles et Voyages, par Antonin RON-
DELET. 1 vol. grand in-18 . . . . . 2 fr.

O

Océola ou le roi des Séminoles, par le
capitaine MAYNE-REID. 1 vol. gr. in-18. 2 fr.
L'Odyssée d'Antoine, par Raoul DE NA-
VERY. 1 vol. grand in-18 . . . . . 2 fr.
Œil-de-Feu, par Jules B. D'AURIAC (voir
Drames du Nouveau-Monde). 1 vol. in-
18 jésus. . . . . 2 fr.
Or et Misère, par MOLÉRI, 1 vol. grand
in-18 jésus. . . . . 2 fr. 50
Otto Gartner, roman intime, par Marin
DE LAVONNIERE. 3ᵉ édit. 1 vol. grand
in-18. . . . . 2 fr.

P

Paris pour les marins, par G. DE LA LAN-
DELLE, avec une lettre d'Alexandre
Dumas. 1 vol. . . . . 1 fr.
Le Parjure, par DEVOILLE. 1 vol. gr. in-18. 2 fr.
Le Paysan soldat, par le même. 1 vol.
grand in-18 . . . . 2 fr.
Les Pieds fourchus, par Jules B. D'AURIAC
(voir *Drames du Nouveau-Monde*).
1 vol. . . . . 2 fr.
*Pigeon vole, Aventures en l'air. — Avia-
tion*, par G. DE LA LANDELLE. 1 vol.
illustré, grand in-18 jésus . . . . 3 fr. 50
Les Pionniers, par Fenimore COOPER.
Traduction nouvelle, édit. corrigée.
1 vol. grand in-18. . . . . . . 2 fr.
La Prisonnière de la Tour, par DEVOILLE.
Nouvelle édition. 1 vol. grand in-18 . 2 fr.
Les Prisonniers de la Terreur, par le
même. Nouvelle éd. 1 vol. grand in-18. 2 fr.
Le Proscrit, par le même. Nouvelle édit.
1 vol. grand in-18 . . . . 2 fr.
La Pupille du Docteur, par G. D'É-
THAMPES. 2ᵉ édition. 1 vol. . . . . 2 fr. 50

Q

Quarante vérités dites à la cour de Turin, par Étienne San Pol. 1 vol. grand in-18 jésus. . . . . 3 fr.

Les Quarts de nuit, contes et récits d'un navigateur, par G. DE LA LANDELLE. 5e édition. 1 vol. grand in-18. . . . 2 fr.

Quatrièmes Quarts de nuit, tablettes navales, par G. DE LA LANDELLE. 1 vol. grand in-18. . . . . 2 fr.

R

Rayon-de-Soleil, par J. B. D'AURIAC (voir *Drames du Nouveau-Monde*). 1 vol. . 2 fr.

Récits des Landes et des Grèves, par Théodore PAVIE. 1 vol. grand in 18 . . . 2 fr. 50

Récits devant l'âtre, par Émile RICHEBOURG. 1 vol. grand in-18 . . . . . 2 fr. 50

Le Réfractaire, par Élie BERTHET. 1 vol. 2 fr. 50

Le Robinson suisse. Traduction nouvelle. 1 vol. grand in-18 . . . . 2 fr.

S

Les Salons d'autrefois, souvenirs intimes, par Mme la comtesse DE BASSANVILLE. Préface de M. Louis ENAULT. 4 vol. . 10 fr

PREMIÈRE SÉRIE. — 6e édition.

Madame la princesse de Vaudemont. — Isabey. — Madame la comtesse de Rumfort. — M. de Bourrienne. 1 vol.

DEUXIÈME SÉRIE. — 4e édition.

La princesse Bagration. — La comtesse Merlin. — Madame de Mirbel. — Madame Campan. 1 vol

TROISIÈME SÉRIE. — 3e édition.

Casimir Delavigne. — La marquise d'Osmond. — Kalkbrenner. 1 vol.

QUATRIÈME SÉRIE.

La duchesse de Laviano. — Madame Boscari de Villeplaine. — Madame Orfila. — Pradier. 1 vol.

Chaque série se vend séparément . . . 2 fr. 50

Le Scalpeur des Ottawas, par Jules B. D'AURIAC (voir *Drames du Nouveau-Monde*). 1 vol. in-18 jésus. . . . . . 2 fr.

Scènes de la vie intime, par Mme Dorothée
   DE BODEN. 1 vol. . . . .   2 fr. 50

Les Secrets de la plage, par J. PIZZETTA
   (*Bibliothèque de la Science Pittoresque*).
   1 vol. grand in-18 illustré de 83 gravures . . . .   1 fr.
   Franco par la poste. . . . .   1 fr.
Ouvrage couronné par la Société pour l'instruction élémentaire.

Le Siège de Paris, par DEVOILLE. Nouvelle édition. 1 vol. grand in-18 . . .   2 fr.

Souvenirs de cinquante ans, par le
   vicomte WALSH, avec une notice bio-
   graphique. 2 vol. grand in-18 . . . .   4 fr.

Souvenirs historiques, tirés des principaux monuments de Paris, par le même,
   3e édition. 1 vol. grand in-18 . . . .   2 fr.

*Souvenirs d'une vieille culotte de peau.
   Les étapes du père La Ramée.* 2e édi-
   tion. 1 vol. . . . .   1 fr.
   Les femmes du Régiment. 1 vol. . .   1 fr.

Suez, histoire de la jonction des deux mers
   par Élie SORIN. 1 vol. accompagné de
   deux cartes et d'une superbe vue pano-
   ramique en couleurs . . . .   2 fr.

*Sur l'eau, à la Montagne, dans la plaine,
   œillets d'herbier*, par CH. DE FRAN-
   CIOSI. 1 vol. petit in-8. . . . . .   2 fr. 50

T

Tableau poétique des Fêtes chrétiennes,
   par le vicomte WALSH. Nouvelle édit.
   1 vol. grand in-18 . . . .   2 fr.

Tableau poétique de la Foi, par le même.
   Nouvelle édition. 3 vol. grand in-18 .   6 fr.

Tableau poétique des Sacrements, par le
   même. Nouvelle édit. 2 vol. gr. in-18   4 fr.

Le Terroriste, par DEVOILLE. 1 vol. gr.
   in-18. . . . .   2 fr.

Les Terres d'or, par Jules B. D'AURIAC
   (voir *Drames du Nouveau-Monde*). 1 vol.   2 fr.

Le Trésor de la Maison, par la comtesse
DE BASSANVILLE. 2 vol. grand in-18. 4 fr.
 Franco par la poste. . . . . 4 fr. 50
 Première partie : *Guide des Femmes économes.*
  volume. . . . . 2 fr.
  Franco par la poste. . . . . 2 fr. 25
 Deuxième partie : *Guides des mères de Fa-*
  mille. 1 volume . . . . 2 fr.
  Franco par la poste. . . . . 2 fr. 25

Trois ans d'esclavage chez les Patagons.
Récit de ma captivité, par A. GUINNARD.
Un vol. avec carte et portrait gravé sur
acier. 3ᵉ édit. . . . . 3 fr. 50

Troisièmes Quarts de nuit, contes d'un
marin, par G. DE LA LANDELLE. 2ᵉ
édit. 1 vol. grand in-18. . . . . . . 2 fr.

Trois jeunes naturalistes, par le capitaine MAYNE-REID, traduit par Allyre
Bureau. 1 vol. grand in-18 . . . . . 2 fr.

Le Tueur de daims, par Fenimore COOPER.
Traduction nouvelle, édition corrigée.
1 vol. grand in-18 . . . . 2 fr.

U

Une année de la vie d'une femme, par
Mˡˡᵉ Zénaïde FLEURIOT. 2ᵉ édition.
1 vol. grand in-18 . . . . 2 fr. 50

Une chaîne invisible, par Mˡˡᵉ Zénaïde
FLEURIOT. 2ᵉ édition. 1 vol. gr. in-18. 2 fr. 50

Une chienne d'habitude, histoire d'un
grognard d'eau salée, par G. DE LA
LANDELLE. 1 vol. grand in-18 . . . 1 fr.

Un curé de campagne, par Hippolyte
LANGLOIS. 1 vol. grand in-18. . . . 2 fr. 50

Un gentilhomme catholique, par Ch.
D'HÉRICAULT. 1 vol. in-18 . . . . . 2 fr.

Un médecin sous la Terreur, par Edmond
LAFOND. 1 vol. grand in-18 . . . . 2 fr.

Un Rêve, par DEVOILLE. 1 vol. gr. in-18 2 fr.

Un Rêve de Bonheur, par Louis KERME-
LEUC. 1 vol. grand in-18. . . . . .   2 fr.
Un voyage à Pékin. Souvenirs de l'expédition de Chine, par G. DE KÉROULLÉE.
1 vol. . . . .   2 fr. 50

V

La vie d'un brin d'herbe, par Jules MACÉ.
(*Bibliothèque de la Science Pittoresque*).
1 vol. grand in-18, illustré de 161 gr.   1 fr.
Franco par la poste. . . . .   1 fr. 25
Ouvrage couronné par la Société pour l'instruc-
tion élémentaire
Voyage en Algérie, par POUJOULAT Nou-
velle édition. 1 vol. grand in-18. . .   2 fr.
Voyage sous les flots, rédigé d'après le
journal de bord de « *l'Éclair* » par A.
ROGER. (*Bibliothèque de la Science Pitto-
resque*). 1 vol. in-18 jésus ill. de 22 gr.   1 fr.
Franco par la poste. . . . .   1 fr. 25
Ouvrage couronné par la Société pour l'instruc-
tion élémentaire
Veillées Militaires, par BALLEYDIER.
Nouvelle édition. 1 vol. grand in-18 .   2 fr.
Veillées de Famille, par le même. Nou-
velle édition. 1 vol. grand in- 8. . .   2 fr.
Veillées Maritimes, par le même. Nou-
velle édition. 1 vol. grand in-18. . .   2 fr.
Veillées du Peuple, par le même. Nou-
velle édition. 1 vol. grand in-18. . .   2 fr
Veillées de Vacances, par le même. Nou-
velle édition. 1 vol. grand in-18. . .   2 fr.
Veillées du Presbytère, par le même. Nou-
velle édition. 1 vol. grand in-18. . .   2 fr.
Vengeance ou *une Scène au désert*, par
DENOILLE. Nouvelle éd. 2 vol. gr. in-18   4 fr.
Les Victimes, par le même. 2 vol. gr. in-18   4 fr.

Y

Yvon le breton ou *Souvenirs d'un soldat
des armées catholiques*, par le vicomte
WALSH. 2ᵉ édition. 1 vol. grand in-18.   2 fr.